探究 ● 享受

咖啡事典

THE COMPLETE GUIDE TO COFFEE

西东社编辑部　编

郑　寒　译

辽宁科学技术出版社
·沈阳·

香气浓郁，口味香醇。

受到全世界人们喜爱的咖啡已经融入我们的日常生活中。

只喝一小口，或让人心情平静，或让人充满"加油吧！"的干劲。有很多人用咖啡控制着心情的"开关"。

但，如果重新思考关于咖啡的知识，会意外地发现有很多不熟知的事情。咖啡是如何被制作出来的？咖啡的味道因何而改变？

一旦掌握了这些知识，就会加深对咖啡的理解。

The Complete Guide
to Coffee

品味咖啡，探究其美味。
让我们一起来感受咖啡的魅力吧！

由一杯咖啡

一杯咖啡的产生，会有什么样的故事呢？由此扩展开来，更有趣的是什么？让我们一起来解锁咖啡的故事吧。

1 种植

咖啡豆是咖啡树的种子。咖啡树主要种植在热带、亚热带地区。

\ 咖啡的主要三大种类 /

阿拉比卡种

罗布斯塔种　利比里卡种

2 加工处理

为了便于运输和储存，咖啡果在被采收后，要制成生豆。根据加工处理方法的不同，咖啡的口味也会发生改变。

3 烘焙

把生豆烘焙成我们喜欢的咖啡豆。不同深度的烘焙，决定了咖啡豆不同的风味。

浅焙

中焙

深焙

4 研磨

将烘焙过的咖啡豆用研磨机磨成粉末。

研磨程度与冲煮咖啡的容器相匹配是关键。

粗研磨

中研磨

超细研磨

5 冲煮方式

经过之前的过程，咖啡豆已成为可以冲煮的状态了。除了日本家庭最常用的手冲滤纸滴滤，还有各式各样的萃取器具。

滤纸滴滤法

法兰绒滴滤法

其他萃取器具

| 摩卡壶 | 法压壶 | 虹吸壶 | 意式浓缩咖啡机 |

6 装饰

在咖啡或意式浓缩咖啡中加入牛奶等进行装饰，也是乐趣之一。在家也可以挑战拉花艺术。

咖啡拉花　　　拉花艺术　　　摩卡咖啡

7 充分享受

自己混合咖啡豆，或像专业咖啡师那样调制。这里有适合咖啡达人的消遣方式。通过食物配对，发现新口味。

8 深入了解

了解世界各地咖啡情况、咖啡历史、对健康的作用等，会让我们更喜爱咖啡！

越了解越美味的咖啡

咖啡的名称是什么？

最近经常听到的"第三波浪潮"是什么？

日常生活中很熟悉的咖啡世界，其实有很多我们不了解的事情。

首先，对于咖啡的这些问题进行一下简单的回答吧！

Q.1

巴西、摩卡、蓝山咖啡……

不了解的咖啡名称。

A.1 既有国家名、地区名变成的咖啡名称，
也有单独起的名称。

· ·

　　"巴西"是指在巴西国内种植的咖啡豆。"摩卡"并不是指摩卡这一地区，曾经是指从也门的摩卡港出口的咖啡豆，现在是指也门、埃塞俄比亚部分地区的咖啡豆。"蓝山咖啡"是指在牙买加的蓝山地区种植的咖啡豆。

Q.2

不知道所谓的"美味咖啡"是指什么样的咖啡。

A.2 各种要素复杂地掺杂在一起，产生出咖啡的味道。

· ·

　　咖啡的味道是由苦味、酸味、甜味、浓度、深度、涩味等多种要素表现出来的。每个人的喜好各不相同，感到"美味"的时候，自身设定各要素的要点，寻找其基准。

A.3 咖啡的味道由多种原因组成。

即使是同样的"巴西咖啡"，咖啡豆的品种也有波本、新世界等，生长环境不同，味道也不同。精制法是水洗法还是日晒法。咖啡豆的制成也很重要。直到冲泡出一杯咖啡为止，有各种程序，这些都对味道产生影响。

＼ 决定咖啡味道的重要原因 ／

1.生豆	2.烘焙	3.咖啡粉	4.冲泡方法
●品种 ●产地 ●精制法 ●豆形	●烘焙程度 ●烘焙质量	●研磨方法	●萃取方法 ●浓度 ●温度

Q.4

普通咖啡是指什么?

单一咖啡是指什么?

产地咖啡是指什么?

A.4 不同分类的叫法。

"普通咖啡"是指把咖啡生豆进行处理加工后,再烘焙研磨成咖啡粉。与此不同的是速溶咖啡。"单一咖啡"是指不被混合的单一品种的咖啡。"产地咖啡"是指生产国、农场、品种、精制法都是在明确的单一的地区种植加工的咖啡豆。

Q.5

最近经常听到的精品咖啡是指什么?

A.5 个性丰富、口味独特的高品质咖啡豆。

简单地说,是指产地、种植加工方法明确,并且口味优良,富有特性的咖啡。实际上并没有明确的定义。

目 录 CONTENTS

探究享受

咖啡事典

THE COMPLETE GUIDE TO COFFEE

第一章 PART 1 细细品味咖啡豆

咖啡豆是什么？ 16
咖啡树的种植 18
咖啡豆的精制法 20
制作方法 1/ 水洗法 21
制作方法 2/ 半水洗法 22
制作方法 3/ 半日晒法 23
制作方法 4/ 日晒法 24
制作方法 5/ 蜜处理 25
专栏 在自家种植咖啡树，
冲泡咖啡 26
咖啡豆的品种 28
从阿拉比卡中派生出来的
主要品种 30
咖啡豆的名称 32
咖啡的分类 34
精品咖啡 36
咖啡豆分级 38
找到心仪咖啡豆的方法 40
具有代表性的咖啡豆 42
让我们更多地了解一下目前流行

的咖啡豆吧！ 44
巴西咖啡 45
曼特宁 46
哥伦比亚 47
摩卡 48
乞力马扎罗山 49
蓝山 50
危地马拉 51
咖啡豆的流通 52
可持续咖啡 54
什么是烘焙？ 56
了解烘焙程度 58
寻找自己喜欢的烘焙程度 60
关于烘焙机 62
烘焙的顺序 64
尝试一下家庭烘焙吧！ 68
家用烘焙机 72
专栏 烘焙师 74

第二章 PART 2 使冲泡方法达到极致

咖啡冲泡方法与味道的关系 78
咖啡豆的研磨方法 80
研磨机的种类和使用方法 82
咖啡的冲泡方法 84
手冲滴滤式咖啡的制作方法 ...86
为了冲泡美味咖啡
　而需准备的东西 88
不同滤杯的冲泡方法 90
　卡利塔 94
　手冲咖啡滤杯（波浪形系列）...98
　HARIO 锥形滤杯 102

　KŌNO 106
　法兰绒滤布 110
专栏 制作自己喜欢味道的咖啡
　所使用的特殊表格 114
关于其他的冲泡方法 116
　虹吸壶 118
　法压壶 124
　摩卡壶 128
　咖啡机 132
美味冰咖啡的做法 134
　冷泡式的冲泡方法 135
　急冷式的冲泡方法 138
关于意式浓缩咖啡 140
意式浓缩咖啡的冲泡方法 142
水、砂糖、牛奶与咖啡的关系 .146
专栏 别出心裁的咖啡冲泡方法150

第三章 PART 3 挑战花式咖啡

咖啡店般的纯正的味道 154
　牛奶咖啡 155
　拿铁咖啡 156
　卡布奇诺 157
　维也纳咖啡 158
　摩卡咖啡 159
　玛奇朵咖啡 160
　黄油咖啡 161
　意式浓缩苏打咖啡 162

　鸡尾酒咖啡 163
　分层咖啡 164
　柑橘味苏打冰咖啡 165
尝试下拉花吧！ 166
　拉花艺术1 心形拉花 170
　拉花艺术2 树叶形拉花 172
　拉花艺术3 郁金香形拉花 174
　拉花艺术4 心形及树叶形拉花 .. 176
　拉花艺术5 熊 178

绚丽的咖啡鸡尾酒世界 181

爱尔兰咖啡 182

冰咖啡杜松子奎宁鸡尾酒、浆果 183

浓缩意式马提尼 184

浓咖啡朗姆酒 185

第四章 PART 4 | 更高级的咖啡享用方法

混合咖啡的魅力 188

混合咖啡的基础 190

辨别咖啡豆特点的方法 192

尝试在家制作混合咖啡 194

专栏

向名人请教混合咖啡的技巧 . 198

什么是杯测？.....................200

杯测的方法.........................202

SCAJ 咖啡杯测表的

　书写方法 204

用 SCAJ 方式进行杯测 206

体验杯测 211

咖啡风味的描述方法 212

与美食搭配的魅力 214

开一家咖啡店 216

与咖啡相关的资格证书

　和竞赛 218

专栏

一起制作咖啡布丁吧！.........220

第五章 PART 5 | 咖啡和文化

咖啡的历史 224

关于咖啡 228

日本 228

美国 230

欧洲 232

中南美洲 234

非洲、亚洲、大洋洲.............236

咖啡的健康功效 238

专栏 第三波浪潮 242

44个地区，60个品牌产地：咖啡豆的产品目录

看目录的方法 244

A 中美洲地区

01 / 墨西哥 245
02 / 危地马拉 246
03 / 萨尔瓦多 247
04 / 洪都拉斯 248
05 / 尼加拉瓜 249
06 / 哥斯达黎加 250
07 / 巴拿马 251
08 / 牙买加 252
09 / 古巴 253
10 / 波多黎各自治联邦区.... 253
11 / 多米尼加共和国 254
12 / 海地 255
13 / 瓜德罗普岛 255

B 南美地区

14 / 玻利维亚 256
15 / 巴西 257
16 / 哥伦比亚 258
17 / 加拉帕戈斯群岛 259
18 / 秘鲁 259

C 中东、非洲地区

19 / 也门 260
20 / 埃塞俄比亚 261
21 / 加那利群岛 262
22 / 喀麦隆 262
23 / 肯尼亚 263
24 / 佛得角 264
25 / 刚果民主共和国 264
26 / 布隆迪 265

27 / 圣赫勒拿岛 266
28 / 坦桑尼亚 266
29 / 卢旺达 267
30 / 马拉维 268
31 / 南非 268

D 亚洲、大洋洲地区

32 / 中国 269
33 / 日本 270
34 / 夏威夷 271
35 / 澳大利亚 272
36 / 新喀里多尼亚 272
37 / 印度尼西亚 273
38 / 巴布亚新几内亚 274
39 / 东帝汶 274
40 / 尼泊尔 275
41 / 缅甸 276
42 / 菲律宾 276
43 / 印度 277
44 / 泰国 277

咖啡用语词典 278
主编 286

第一章

PART
1

细细品味咖啡豆

在变成我们熟悉的咖啡豆之前，有很多道工序。让我们彻底地了解包括栽培方法和各品种的咖啡豆的基础知识吧。

咖啡豆是什么？

商店里销售的"咖啡豆"其实不是"豆"。首先，介绍一下咖啡是怎样的植物吧。

咖啡豆是"种子"！

咖啡豆被称作"豆"，但实际上并不是豆科植物，而是属于"被子植物阿拉比卡科咖啡树属"叫作"咖啡树"的植物。变成咖啡豆的是果实中含有的被称作"咖啡樱桃"的两个种子。从咖啡果中切除果皮、果肉和内果皮等后即为生豆（烘焙之前的咖啡豆）。

因为结出像红樱桃一样的果实，所以被称作"咖啡樱桃"。

主要产地为热带、亚热带地区

咖啡的主要产地为北纬25°到南纬25°的范围内的热带、亚热带地区。该地区称为"咖啡带"。靠近南回归线地区的咖啡豆收获时期是4—9月，靠近北回归

肯尼亚的农庄。因为一年有两次雨季，所以一年可收获两次咖啡豆。

线地区的咖啡豆收获时期是9月至翌年4月。也就是说，一年四季总有收获的时候。而且，在一年中两次雨季的地方，一年可收获两次咖啡豆。

哥斯达黎加的农庄。农庄位于高海拔地区。

☕ 咖啡果的构造

种子（生豆）

两个种子紧贴一起构成生豆。也叫作绿豆。

果肉

成熟之后变得甘甜，但是不能食用。可用作肥料。

银皮

包裹种子的薄皮。烘焙后会脱落。

内果皮

覆盖银皮的坚硬的皮。

外皮

覆盖在果肉外部的皮。成熟之后会变红。

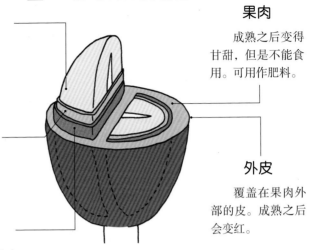

平豆与圆豆

因为两粒种子紧贴一起生长，接触面是平的，所以被叫作平豆。也有只有一颗圆的生豆的情况，这个被叫作圆豆。虽说圆豆是有缺陷的豆子，也有花高价只收集圆豆的国家。

也有果实为黄色的黄咖啡果。

☕ 咖啡带

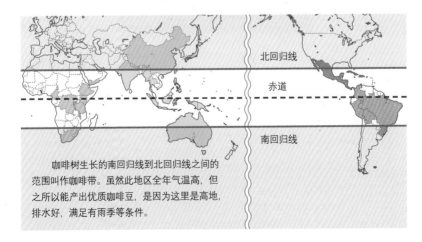

北回归线

赤道

南回归线

咖啡树生长的南回归线到北回归线之间的范围叫作咖啡带。虽然此地区全年气温高，但之所以能产出优质咖啡豆，是因为这里是高地，排水好，满足有雨季等条件。

17

咖啡树的种植

咖啡树是精致的植物。确认一下种植咖啡树的
条件和咖啡果采收前的流程吧。

☕ 种植咖啡树的条件

1 气温

　　宜于种植咖啡树的地区是平均
气温 22℃左右的山地。高于适宜的
温度会造成早熟，容易发生叶锈病。
低于适宜的温度则不能充分生长，
收获量下降。

3 日照

　　因为咖啡树不
耐受阳光直射，所以
大多种植在平缓的
山坡上。

2 降雨

　　适度的降雨
是咖啡树生长的
必要条件。基准
为年均降水量
1200~1600mm。在
一年有两次雨季的
地区，收获期也是
一年两回。

4 土壤

　　堆积火山灰的土壤被
认为是适合的。在富含氮、
磷、钾的肥沃土壤中，水
排污能力好。pH 在 4.5~6.0
的弱酸性土壤最适合种植
咖啡树。在巴西有很多富
含养分的红土。

5 海拔

　　栽培咖啡树的
场所大多是在海拔
1000 ~ 2000m 的
凉爽山区。昼夜温
差越大越能产出高
品质的咖啡豆。

☕ 咖啡果采收前的流程

1 育苗

　将带有内果皮的咖啡树的种子播种在苗圃里。1个半月至2个月就会发芽、生长，之后再移植到田间。

2 成木

　移植到田间后，至少需要3年才能收获果实。由于阿拉比卡树种易受日晒的危害，也可种植些遮阳树。

3 开花

　在有雨季和旱季的地区，在雨季之后开满了茉莉花香味的白色花朵。

4 授粉、结果

　花开后的3~4天进行授粉。先长出绿色的小果实，开花后7~8个月，果实变红、成熟。

5 收获

　成熟之后的果实用手工摘取或者机器采收。

COFFEE BEANS

咖啡豆的精制法

所谓"精制"，是指从采摘咖啡果开始到制成生豆的过程，也可叫作"加工处理"。咖啡的味道会因为精制法而大不相同。这里主要介绍 5 种方法。

精制法不同，咖啡的味道会有所变化！

成熟变红的咖啡果被采摘之后，原样放置的话果肉会腐烂。为此，采摘后要立刻把种子从果实中取出来，制成生豆。

精制法是根据产地的环境而开发出来的，但是由于精制方法不同，咖啡的味道也有很大的变化，所以现在同一产地也采用多种精制方法，生产出不同特性的生豆。

精制方法大致可分为不使用水进行干燥脱壳的"干燥式"，使用水剥离果肉和果胶层后进行干燥脱壳的"水洗式"，还有工序上稍微有差别的其他的精制方法，咖啡的味道也会随之改变。知道精制方法和味道的特点，挑选咖啡会变得更轻松。

主要在精制中除去的部分

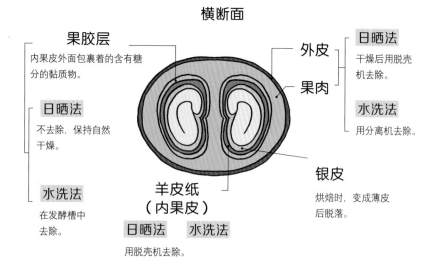

横断面

果胶层
内果皮外面包裹着的含有糖分的黏质物。

日晒法
不去除，保持自然干燥。

水洗法
在发酵槽中去除。

外皮
果肉

日晒法
干燥后用脱壳机去除。

水洗法
用分离机去除。

**羊皮纸
（内果皮）**

日晒法　**水洗法**
用脱壳机去除。

银皮
烘焙时，变成薄皮后脱落。

20

制作方法 1

水洗法

风味
　　清爽的味道、极佳的酸味。与日晒法相比是清净质朴的风味。

主要采用国
　　哥伦比亚、危地马拉、坦桑尼亚、肯尼亚等水源丰富的国家。

挑出漂浮的咖啡豆之后，用果肉分离机去除果肉，放入发酵槽发酵一晚上，去除果胶层（黏液、糖分）。用水清洗，晾晒或者机器干燥。之后，用脱壳机去除内果皮。

正在去除漂浮物。将采摘的咖啡果放入蓄水槽，未成熟的咖啡果会漂浮在水面上，进行筛选。

用果肉分离机去除果肉。机器上部能看见带果肉的红色咖啡果，但是通过机器后果肉会被去除，呈现出内果皮。

在发酵槽中浸泡约一晚后，从水槽中取出，果胶层脱落，水变污浊。

利用长长的水渠进行清洗。

1 筛选漂浮物

　　将咖啡果放入水槽中，去除浮在上面的未成熟果实，选择沉入水中的果实进行加工。

2 剥离果肉

　　用果肉分离机去除果肉。

3 发酵槽

　　经过一晚上的浸泡及发酵，去除果胶层。

4 水洗

　　利用水渠来进行清洗。

5 干燥

　　日晒干燥或者机器干燥。

6 脱壳

　　用脱壳机去除内果皮。

7 形成生豆

8 筛选、分级

　　去除有缺陷的豆子，进行分级。

第一章　PART1　细细品味咖啡豆

半水洗法

风味

接近水洗，清爽而清新的味道，也能品味到上乘的酸味。

主要采用国

巴西、中美洲诸国等。

把采摘的咖啡果放入漂浮池中。

去除的果肉作为肥料等使用。

去除果肉的内果皮。不经水洗就在日光下进行干燥。

挑选咖啡果，先用分离机去除果肉，再去除果胶层（黏液、糖分）。之后进行日晒或者机器干燥，最后用脱壳机去除内果皮。和水洗法的不同之处在于，果胶层是用机器清理的，不需要发酵时间，因此水的使用量较少。

1 筛选漂浮物

将咖啡果放入水槽中，去除浮在上面的未成熟果实。只把下沉的果实留下进行下一道工序。

2 剥离果肉

用分离机去除果肉和果胶层。

3 干燥

日晒干燥或者机器干燥。

4 脱壳

用脱壳机去除内果皮。

5 形成生豆

6 筛选、分级

去除有瑕疵的豆子，进行分级。

检查在日晒干燥中的咖啡豆干燥程度。使咖啡豆的含水量干燥至 10%~11% 的程度。

制作方法 3

半日晒法

风味
　　具有接近自然，像发酵后的果实一样的香甜和浓香，但是由于果胶层有所残留，所以会改变口味。

主要采用国
　　巴西、哥斯达黎加等国家。

在中美洲哥斯达黎加进行的半日晒法精制的景象。用分离机去除果肉。

进行日晒干燥的地方。可以看出果胶层还残留着黑色的糖分。糖分残留的量也会改变味道。

进行日光干燥的地方。定期进行翻耙，帮助均匀干燥。

　　挑选采摘的咖啡果，用分离机去除果肉后，在果胶层（黏液、糖分）残留的状态下进行日晒干燥，这是与日晒法的不同之处。最后，用脱壳机去除内果皮。

1　筛选漂浮物

　　将咖啡果放入水槽中，去除浮在上面的未成熟果实，只把下沉的果实留下进行下一道工序。

2　剥离果肉

　　用分离机去除果肉。

3　干燥

　　在果胶层残留的状态下进行日晒干燥。

4　脱壳

　　用脱壳机去除内果皮。

5　形成生豆

6　筛选、分级

　　去除有瑕疵的豆子，进行分级。

日晒法

风味
　具有像发酵后的芒果或浆果一样的甜香味和浓烈的香味，包括杂味，能够品尝到咖啡豆原本的味道和特性。

主要采用国
　巴西、也门、埃塞俄比亚、印度，中美洲许多国家。

刚干不久的咖啡果，果实还是鲜红的。

有点儿发黑的状态。干燥时间由该国的气候而定。

　筛选采摘的咖啡果，直接铺放在阳光下或是在塑料大棚内，干燥至像黑色的葡萄干为止。之后，用脱壳机将果肉与内果皮一起去除。这是拥有广阔的土地、雨水较少的产地所采用的精制方法。晾晒过程中，定期进行翻耙，帮助均匀干燥。

1 筛选漂浮物

　将咖啡果放入水槽中，去除浮在上面的未成熟果实，只把下沉的果实留下，进行下一道工序（也有不进行这道工序的地方）。

2 干燥

　日晒干燥或者机器干燥。

3 脱壳

　用脱壳机去除果肉和内果皮。

4 形成生豆

5 筛选、分级

　去除有瑕疵的豆子，进行分级。

埃塞俄比亚的日晒精制法。在非洲，用于日晒干燥的晒台叫作"非洲人床"。中美的哥斯达黎加等国也有在塑料大棚内设置晒台的。也有网、混凝土、砖块等各种材质的干燥台。

蜜处理

风味

能提取出曼特宁独特的香味，可以感受到浓烈的香味。

主要采用国

印度尼西亚的苏门答腊岛（曼特宁咖啡豆的精制方法）。

内侧的白色咖啡豆是含水量很高的生豆。眼前的棕色豆是干燥后的生豆。

在印度尼西亚苏门答腊岛所使用的精制方法。用分离机分离出采摘完的咖啡果果肉，在带有果胶层的状态下干燥内果皮，并在干燥的状态下脱壳。外壳脱落后的豆子再重新进行日光干燥，从而形成含水量为10%~11%的绿色生豆。

1 筛选漂浮物

用分离机剔除果肉。

2 干燥

日光干燥。

3 脱壳

在内果皮含水量为50%的半干状态下脱壳。

4 形成生豆

5 干燥

把生豆再进行一次干燥。

6 筛选、分级

去除有瑕疵的豆子，进行分级。

在内果皮含水量为50%的半干状态下进行脱壳处理。图片是脱壳后的生豆。因为水分含量高而呈白色。

脱壳后的生豆再次干燥，水分含量达到10%~11%。

在自家种植咖啡树，冲泡咖啡

咖啡树可作为观赏植物进行培育。

到第一次开花需要 3~5 年的时间，从那以后，每年都能收获咖啡豆。

接下来将要介绍如何在家种植咖啡树，包括从开花、结果、采摘、精制、烘焙到制成咖啡的过程。这种喜悦是极其特别的。

※ 图片为危地马拉的穆尔塔品种

1 个半月后发芽

在带有内果皮的状态下进行播种。树苗和花盆都有销售。

3~5 年开花

在阳光充足的室内进行培育，每周浇一次水。生长到 1m 以上就会开出白色的花。

花根膨胀结出果实

2~3 日后花会凋谢。花的根部膨胀，并慢慢变大变成果实。

约半年结出果实

开花约半年后，结出绿色的果实，之后变成像红樱桃一样的咖啡果。

一棵树上可以收获一杯的咖啡果

从培育在直径为 30cm 左右花盆的咖啡树上采摘的一部分咖啡果。

漂浮物筛选

在装着水的杯子中放入果实。因为未成熟的果实会漂浮上来，将其取出。

水洗法

用手去除果肉。下面的是去除果肉之后带有果胶的状态。

浸在水里发酵

在水里泡一晚上让其发酵，取出果胶层。

1~2 周的日晒干燥

铺在布或网上使其在阳光下干燥。中途定期进行翻耙，变换日晒的部位。

日晒法精制

直接在阳光下晾晒咖啡果实进行干燥。经过大约 1 周，就会干燥成像葡萄干一样。此时用手脱壳。

脱壳

将干燥的咖啡豆的内果皮（羊皮纸）用手进行脱壳。图片为脱下来的内果皮。

形成生豆

剥下后会出现带银皮的绿色豆皮，这才称为生豆。

烘焙

用平底锅烘焙生豆。要不停翻动平底锅使其烘焙均匀。

研磨

烘焙后，再用研磨机研磨咖啡豆。因为刚烘焙完的咖啡豆里含有很多气体，所以最好放置 1~2 天后再研磨。

沏泡

沏泡一杯咖啡。享用每年一杯的咖啡。

咖啡豆的品种

分布在全世界的咖啡树有突然变异和品种改良两种类型。在日本喝的咖啡主要是"阿拉比卡"和"卡内福拉（罗布斯塔)"这两个品种。

速溶咖啡几乎都是阿拉比卡种

据说，咖啡的品种，只是阿拉比卡就有两百多种。现在世界上流通的咖啡豆中 70% 都是阿拉比卡种，大约 20% 是卡内福拉种（俗称罗布斯塔种）。另外，加上西非原产的利比里卡种，一起被称为咖啡三大原生品种。

阿拉比卡种占世界咖啡产量的 60% 左右。它抵御病虫害能力弱，不易栽培，主要用来制作原味咖啡。而卡内福拉种一般较苦，能与混合咖啡和速溶咖啡的味道相互平衡，且抵御病虫害能力强，易于种植。

☕ 咖啡的三大原生品种

阿拉比卡种

是世界主流精品咖啡品种。种植在海拔较高的土地上。因为抗病虫害能力较弱，所以种植起来比卡内福拉种更费工夫。

原产地	埃塞俄比亚
咖啡豆的形状	椭圆形、扁平
栽培地海拔高度	1000~2000m
味道	香味浓郁，能尝出酸味
到收获的年数	从栽培开始需要 3 年左右

卡内福拉种（罗布斯塔种）

种植在海拔比阿拉比卡更低的土地上，抗病虫害能力很强，结果量大。多用于速溶咖啡和便宜的混合咖啡。

原产地	刚果
咖啡豆的形状	圆形、大粒
栽培地海拔高度	500~1000m
味道	苦，富含咖啡因
到收获的年数	从栽培开始需要 3 年左右

利比里卡种

可在低地、平地栽培，抗少雨和病虫害能力强。消费量很少，主要在欧洲消费。

※ 不在世界咖啡市场流通

原产地	西非
咖啡豆的形状	菱形
栽培地海拔高度	200m
味道	苦
到收获的年数	从栽培开始需要 5 年左右

咖啡豆的主要品种系统

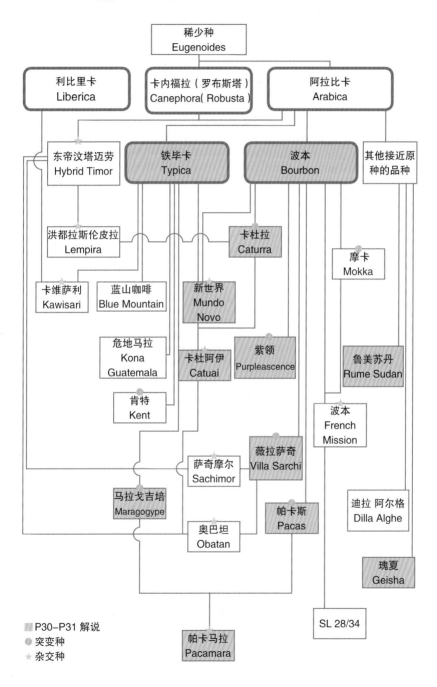

稀少种
Eugenoides

利比里卡
Liberica

卡内福拉（罗布斯塔）
Canephora(Robusta)

阿拉比卡
Arabica

东帝汶塔迈劳
Hybrid Timor

铁毕卡
Typica

波本
Bourbon

其他接近原种的品种

洪都拉斯伦皮拉
Lempira

卡杜拉
Caturra

摩卡
Mokka

卡维萨利
Kawisari

蓝山咖啡
Blue Mountain

新世界
Mundo
Novo

危地马拉
Kona
Guatemala

卡杜阿伊
Catuai

紫领
Purpleascence

鲁美苏丹
Rume Sudan

肯特
Kent

波本
French
Mission

萨奇摩尔
Sachimor

薇拉萨奇
Villa Sarchi

马拉戈吉培
Maragogype

帕卡斯
Pacas

迪拉 阿尔格
Dilla Alghe

奥巴坦
Obatan

瑰夏
Geisha

■ P30–P31 解说
● 突变种
★ 杂交种

帕卡马拉
Pacamara

SL 28/34

29

☕ 从阿拉比卡中派生出来的主要品种

目前作为滴滤式咖啡使用的咖啡豆多是阿拉比卡种，其派生品种达 200 种以上。下面介绍一下各品种的特征。

铁毕卡
Typica

阿拉比卡种的两大衍生品种是铁毕卡和波本。铁毕卡能长到 3.5~4m。虽然产量不大，但是以优质的咖啡品质著称。因为高雅柔软的酸味和醇香、清香的味道很受欢迎。

波本
Bourbon

虽然比铁毕卡的收获量高 20%~30%，但是和其他品种相比较少。由于比铁毕卡的树枝多，所以容易结出果实，而且成熟得也比较早，果实也很大。有着浓厚的香味和醇厚的甜味。

卡杜拉
Caturra

1935 年在巴西发现的波本变异种。树干粗短且枝多，适合密集种植。产量接近铁毕卡的 3 倍，多在中南美洲种植。具有上佳的酸味和苦味，海拔越高味道越好。

新世界
Mundo Novo

苏门答腊的铁毕卡和波本的自然杂交品种。比波本长得更高，有成长力并且抗病性强，产量也大。是在巴西被大范围种植的品种之一。其味道中酸、甜、苦味均衡得很好。

卡杜阿伊
Catuai

新世界和卡杜拉的杂交种。是 1949 年开发的产量很大的品种。适合密集种植。果实能够抵抗强风和大雨，不容易从树上掉落。在巴西被大面积种植。有着和新世界相似的朴素的味道。

紫领
Purpleascence

波本的突变种。耐干旱，树干高，嫩叶呈紫红色。生豆是细长的形状。产量小，几乎没有以商业价值来种植的农庄。被小规模种植在委内瑞拉和洪都拉斯。

瑰夏
Geisha

起源于埃塞俄比亚的珍贵的野生品种。在巴拿马的拍卖中开始引人注意，也被种植在中南美洲的哥伦比亚、哥斯达黎加、危地马拉。产量很小。其味道令人联想到花香和柑橘类水果的味道。

鲁美苏丹
Rume Sudan

在苏丹共和国的高地上发现的野生品种。抗病性强，产量大，生豆长得大。是日本引入的超稀有品种。

马拉戈吉培
Maragogype

　　铁毕卡的突变种。1870 年在巴西的拜亚洲的马拉戈吉培小镇被发现。树干比波本和铁毕卡大而且高。特点是产量小但种子大，和铁毕卡相比，大概大了一圈。有独特的风味，在一些市场上深受欢迎。

薇拉萨奇
Villa Sarchi

　　巴西咖啡的突变种。20 世纪 20 年代在哥斯达黎加西部的维提萨尔奇小镇被发现。树的高度很低，因为根部吸收了很多养分，味道很好。果实同时成熟。适合在海拔 1200~1600m 的地方种植。产量不大，但咖啡品质很高。

帕卡斯
Pacas

　　波本的突变种。1956 年，在萨尔瓦多的一家主人名为阿尔贝托·帕卡斯的农庄中被发现。因为生根良好，利于汲取养分，所以味道好、产量大，果实成熟快。适合低地栽培，抗旱能力强，也适合在沙地种植。生豆的尺寸很小。海拔越高，质量越好。

帕卡马拉
Pacamara

　　帕卡斯和马拉戈吉培的人工杂交种。是 1950 年在萨尔瓦多被种植的。在萨尔瓦多、洪都拉斯、尼加拉瓜等地被种植，产量很小。味道很香，有清爽的酸味。海拔越高，甜味越强。豆子的尺寸很大。

第一章 PART1 细细品味咖啡豆

专栏

你知道吗？

蓝山是品种名还是品牌名？

　　牙买加生产的"蓝山咖啡"是咖啡的品牌名，品种是铁毕卡。铁毕卡是传到牙买加后，在蓝山地区生长的咖啡豆品种。这些种子被从蓝山地区带出，在肯尼亚西部、坦桑尼亚等地也有种植，逐渐形成了"蓝山"这一品种。但是，销售时成了其他品牌，所以不叫"蓝山咖啡"。

阿拉比卡和卡内福拉的杂交种是什么？

　　咖啡的两大原生品种是阿拉比卡和卡内福拉。这两个的杂交种是东帝汶塔迈劳。它是在东帝汶岛被发现的阿拉比卡和卡内福拉自然杂交而成的品种。东帝汶塔迈劳和薇拉萨奇的杂交种有萨奇摩尔、图皮等。

巴西研发的新品种"图皮"

咖啡豆的名称

在咖啡包装袋上的品牌名中，包含着咖啡豆的各种信息，但是并没有严格的世界标准，目前的情况是咖啡豆名称的类型各不相同。

掺杂着产地、地区、商标而起的名称

20世纪70—80年代，在日本并不常见像"巴西""乞力马扎罗山""曼特宁"这样的咖啡豆名称。在20世纪90年代，斯佩夏蒂咖啡的概念逐渐扩大，"巴拿马""斯梅拉达""瑰夏"等从未听过的名称多了起来。也有人对像"巴西"这样的简单的咖啡豆名称而感到困惑吧。

首先，咖啡豆名称的取名方法没有世界统一标准，是被生产者、贩卖者等命名的，但是，名称中又多少含有一些与咖啡豆相关的信息。

咖啡豆名称的类型

1 产地变成咖啡豆名称

例如：巴西、哥伦比亚、危地马拉

最多的就是把生产国名称作为咖啡豆名称。除了单独成为咖啡豆名称之外，也有在上面添加地区和发货港口名称的情况。

2 地区变成咖啡豆名称

例如：摩卡、乞力马罗山

摩卡的来源是由从摩卡港输出的产品而命名的。乞力马罗山是坦桑尼亚一座山，指的是坦桑尼亚产的阿拉比卡咖啡豆。

3 根据规格把商标名作为咖啡豆名称

例如：曼特宁、蓝山、夏威夷科纳

曼特宁是在印度尼西亚苏门答腊岛北部地区采摘的阿拉比卡种。蓝山是在牙买加的蓝山地区生产的咖啡豆。夏威夷科纳是指在夏威夷科纳地区采摘的阿拉比卡种。这些咖啡豆名称基于"仅限于在这个地区所采摘的"的标准，取自该区域名字。2中的乞力马罗也可以说是3的类型。

关于精品咖啡

1 产地名、地区名

咖啡豆名称最初多以产地国家名而命名。咖啡豆根据生产国的气候和种植环境的不同，适合种植的品种也不同，因此根据产地名就能想到咖啡豆的类型。

2 农庄名

打着单一起源名号的咖啡，能追溯到生产农庄。因此，在咖啡名称上标注出农庄的名字的模式也在增加。也有食品很安全，让人安心的意思。

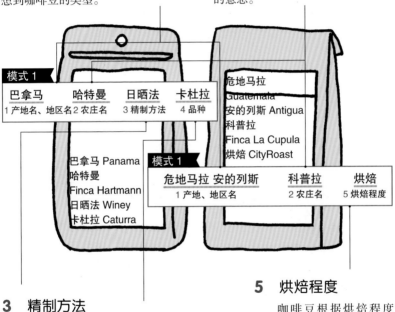

模式1

巴拿马	哈特曼	日晒法	卡杜拉
1 产地名、地区名	2 农庄名	3 精制方法	4 品种

巴拿马 Panama
哈特曼
Finca Hartmann
日晒法 Winey
卡杜拉 Caturra

危地马拉
Guatemala
安的列斯 Antigua
科普拉
Finca La Cupula
烘焙 CityRoast

模式1

危地马拉 安的列斯	科普拉	烘焙
1 产地、地区名	2 农庄名	5 烘焙程度

3 精制方法

半日晒法会散发出咖啡豆原有的风味和浓郁的香味。水洗法会散发出清新的香味。根据精制方法的不同，咖啡豆的味道会有所变化。因此，从咖啡名称中可以知道这些信息。有时在咖啡名称中也会加入半日晒法、日晒法、水洗法等精制方法。

4 品种

咖啡豆的品种多达200种以上。每个品种有其独特的味道，为了分辨它们，也会在咖啡豆名称中表示出来。像瑰夏等这种在咖啡品评会中胜出的品种，也会把它们加入到咖啡豆名称中，以表示其口味。

5 烘焙程度

咖啡豆根据烘焙程度不同，味道也会发生很大变化。另外，即使是同样的豆子，也有根据深煎、浅煎和烘焙的不同而销售的店铺。这种情况下，会把烘焙程度加入咖啡名称中。但是，烘焙程度根据烘焙人的喜好而有所不同，例如即使是同样的烘焙程度，也不能说口味完全相同，这也是十分有趣的现象。

COFFEE BEANS

咖啡的分类

市场上流通的咖啡大体上分 4 类，其交易量和价格各不相同。另外，所谓的"单一起源"是指单一生产地。这两个都是在提及咖啡时要掌握的知识。

咖啡的四大分类与单一起源是什么？

咖啡在流通上，大体可分为 4 类，并在生豆的状态下被交易。根据评价、价格、流通量的顺序，依次叫作"低等级咖啡""商业咖啡""特定咖啡""精品咖啡"。等级越高，咖啡的味道越好。

另外，所谓"单一起源"是一个含有等级和其他信息的概念。直译的话是"单一产地"的意思，是指被种植在单一地区，能详细地了解其品种、精制方法、收获时期等的咖啡豆。叫作"原味咖啡"的单一名称，是将同一名称的咖啡豆混合在一起销售。同样是巴西咖啡，A 农庄与 B 农庄的咖啡豆所处的环境、品种、精制方法、豆的质量等各不相同，结果混合到一起，制成了平均口味的咖啡。单一产地咖啡是可以品尝到能够反映生产者的意向和咖啡豆特性的一种咖啡。单一产地并不只限于高品质，说到底，这也只不过是指单一生产地的咖啡。

人们说的是什么？

单一起源

明确生产地、农庄、品种、精制方法等。

精品咖啡

具有可追溯性，评鉴高的咖啡豆。

☕ 咖啡的四大类

拥有特定的生产地域等附加价值的咖啡豆

附加了特定生产地、品质等的商品咖啡。近年来，与精品咖啡的界限很模糊。

可追踪的最高级咖啡豆

可追踪是指生产过程。它是清楚可查，在杯测中受到很高评价的咖啡豆。流通量最小。在国际市场纽约交易所进行交易。

精品咖啡

特定咖啡

大众咖啡

低等级咖啡

主要被进行加工的咖啡

经常被加工成速溶咖啡、罐装咖啡等。有时也会把罗布斯塔加工成阿拉比卡种。最近，低等级咖啡的质量也在提升。

大量流通的非稀有咖啡豆

它是根据国际市场纽约交易所的行情来确定交易价格，产量大，能稳定供应的咖啡。也叫"商业咖啡"。这就是超市里卖的咖啡。

专栏

卓越杯是什么？

Cup of Excellence（简称COE）是美国的团体"Alliance for Coffee of Excellence"（简称ACE）每年举办的咖啡豆品质评价的国际审查会。1999年成立后，参与国家数量逐渐增加并发展起来。获奖的咖啡豆可以在网上拍卖，由世界各地的咖啡公司竞标。

精品咖啡

作为最高等级的咖啡豆进行交易的精品咖啡，
是由什么决定的呢？

定义模糊的精品咖啡

开始由杯测进行评鉴的 2000 年以后，随着对咖啡豆品质和可持续性产品意识的提高，精品咖啡的需求不断增加。但是，它的定义中并没有法律层面的明确标准。现状是委任各团体或生产商进行判断。

现在进行咖啡豆评鉴的世界性组织中有之前介绍的 ACE、精品咖啡协会（SCA）等。在日本设立了日本精品咖啡协会（SCAJ），制定了 7 个独立的评价基准。除了这些组织进行评鉴以外，还有各国组织进行独立评鉴，不通过公共组织的各产地的第三方进行评鉴。

SCAJ 制定的精品咖啡 7 个评价基准

1 醇厚度

包括黏着性、密度、浓度、重度、与舌头接触的顺滑度、收敛性等感觉和触觉。含在口中时的重量感，与质感是不同的。浓度、重度与汁液的品质没有关系。

2 风味特征

这是精品咖啡与普通咖啡最主要的区别。风味特征是味觉与嗅觉的组合。被理想地实施栽培、采摘、回收、筛选、生产处理、储存、烘焙、萃取等过程。栽培地的特征也能被完整地体现。

3 回味

回味是饮用完咖啡之后，口中留下的咖啡感觉，是判断甜味是否消失，是否在口中留下令人不悦的感觉。

4 清洁度

在品质上，没有"脏""风味的缺点"，具有表现咖啡栽培的特征的透明性。

5 甜度

甜度与咖啡果的成熟度、均一性有直接关系。不是烘焙后的咖啡豆含有糖分的量，而是要评价产生甜度的其他成分和要素。

6 酸味特征

是否有明亮、清爽、细腻的酸味，我们对酸的质量进行评价，而不是酸度。相反，不能带有刺激性的和给人带来不快的酸味。

7 平衡性

针对风味是否统一，是否有突出或缺少的东西而进行评价。

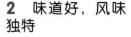

精品咖啡的主要特征

虽然没有明确的标准，但是有以下四大特征。

1 可追踪性明确

适度的降雨是咖啡树生长的必要条件。基准量为年均降水量1200~1600mm。在一年有两次雨季的地区，收获期也是一年两回。

2 味道好，风味独特

味道好是当然的，风味也不能平庸，有鲜明的特性是好咖啡的条件之一。

3 杯测评分高

杯测是客观地评价咖啡味道的一种评鉴方法。SCAJ80分以上都属评价好。

4 瑕疵豆少

高质量的咖啡豆混有破坏咖啡风味的瑕疵豆的数量很少。

精品咖啡的价格如何决定

精品咖啡不属于期货交易的对象，价格是由买卖双方的交易而定的。也有如下所记的公开交易。

方式 1
通过"卓越杯"进行拍卖

世界各地的咖啡商均能参加。竞标后确定价格。

方式 2
产地国独自进行拍卖

各产地国在出口之前也独自进行拍卖，然后确定价格。

方式 3
在产地国由第三方评价

不同于方式 1 和方式 2 那样的竞拍形式，由 SCA 认定的杯测师在各国进行评鉴，给出指导价格。

咖啡豆分级

分级是指，按照生产国的出口规格进行分级，
也叫作评价。根据国家的不同，分级方法也不同。

根据海拔高度、豆目大小、瑕疵豆数量来评价

咖啡豆分级的方法，根据生产国的不同有所不同，主要分为以下 3 种方式。

第一个是产地的海拔高度。因为昼夜温差越大，咖啡豆的品质越好，所以在高海拔地区栽培的咖啡豆等级就会更高。

第二个是豆目大小。世界标准单位大约是 0.4mm，豆子型号为 20 则大约是 8mm。咖啡豆越大，品质越高。

第三个是瑕疵豆数量。异物和瑕疵豆的混入率越低，越能成为上好的咖啡豆。

有些国家，一个或几个咖啡豆一起评价，并加入杯测（巴西等）。国家不同，计分方式也有所不同。在印度尼西亚，"黑豆 =-1""未熟 =-0.2"，以 300g 咖啡豆中的瑕疵豆数量来决定等级。

因国而异的分级方法

等级	瑕疵豆数量（巴西方式）
No.2	4
No.3	12
No.4	26
No.5	46
No.6	86

豆目大小
20
19
18
17

味道
（Strictly soft）充分光滑而且有甜味
（Soft）光滑而且有甜味
（Softish）味道不太甜
（Hard）有尖锐刺激的味道
（Rioy）有轻微的碘的臭味
（Rio）有碘的臭味

巴西

根据瑕疵豆数量、豆目大小、杯测等级这 3 点进行评价。例如，一般标示为"巴西 No.2 尺寸 18 柔软"。能够出口的咖啡豆要求瑕疵豆评定在 No.6 以上，豆子尺寸在 16 以上。

等级	栽培地的海拔
极硬豆（SHB）	1400 m以上
硬豆（HB）	1225 ~ 1400m
半硬豆（SH）	1100 ~ 1225m
深度水洗（EPW）	900 ~ 1100m
稍微水洗（PW）	600 ~ 900m

等级	豆目大小	容许范围
特高级优选	17以上	14 ~ 17：最大5%
优选	16以上	14 ~ 16：最大5%
优选 欧洲	15以上	12 ~ 15：最大2.5%
优选 UGQ	14以上	12 ~ 14：最大1.5%
优选 马拉戈吉培	14以上	14 ~ 17：最大5%
优选 卡拉科尔	12以上	平豆：最大10%

※ 卡拉科尔 = 圆豆

等级	豆子的尺寸	缺点数
No.1	17~18 最低96%	最大2%
No.2	16~17 最低96%	最大2%
No.3	15~16 最低96%	最大2%
圆豆	10以上 最低96%	最大2%
筛选	No.1~No.3 的尺寸	最大4%

等级	瑕疵豆数量
等级1	0 ~ 3
等级2	4 ~ 12
等级3	13 ~ 25
等级4	26 ~ 46
等级5	47 ~ 75

等级	缺点数（300g 中的缺点数）
等级1	最大11
等级2	12 ~ 25
等级3	26 ~ 44
等级4a	45 ~ 60
等级4b	61 ~ 80
等级5	81 ~ 150
等级6	151 ~ 225

危地马拉

根据海拔高度分级。最高级的"SHB"，标示为"危地马拉SHB"。

哥伦比亚

豆目大小分为"苏帕摩""极上品"，未满14的豆子不能出口。但是卡拉科尔是个例外。

牙买加（蓝山）

用瑕疵豆数量分级，出口等级从等级2的水洗法到等级4的日晒法。

埃塞俄比亚

根据豆目大小和瑕疵豆数量进行分级。最高级的记为"蓝山No.1"。

印度尼西亚（曼特宁）

根据瑕疵豆数量进行分级。日晒法最大含水量是13%。水洗法最大含水量是12%，无发臭、发霉的豆子。

找到心仪咖啡豆的方法

咖啡豆的味道多种多样，为了在如此多的种类里找到符合自己口味的咖啡豆，来了解一下吧。

首先寻找基础味道的咖啡

咖啡是由酸味、甜味、苦味、浓度等多种味道复杂地混合在一起的。很多人会说："不知道这种咖啡是否为自己真正喜欢的味道，那就多品尝吧。"

为了找到心仪的咖啡，首先，以自己为中心设置几个要点，找到成为"基础味道"的咖啡尤为重要。

然后与品尝各式咖啡相比，更重要的是鉴别"与基础味道的咖啡有何差别？""更喜欢哪一款咖啡？"。这样就能找到心仪的咖啡豆了。

☕ 咖啡的味道是如何表现的？

1 酸味

清淡的酸味中带有像西番莲、芒果等热带水果的酸味以及像柠檬、橙子等柑橘类的酸味。酸味因咖啡豆不同而有所区别。

2 苦味

苦味原本是会让人联想到毒药的，是人们应避开的味道，但是咖啡里"恰到好处的苦味"却变成了独特的味道。各种苦味成分错综复杂，关系到"浓度"和"深度"，烘焙程度越高，苦味就越大。

3 涩味

口中的苦味消失越快，涩味越明显。也就是说，涩味与苦味的强度和停留在口中的时间有关。快速消失的苦味是"明显的苦味"，而苦味越强，越有涩味。

4 浓郁、深度

以苦味为基础，变浓的同时向外扩散，这样就成了浓浓的味道和深度。产生苦味的物质种类多，就会增加味道的复杂性，味道的浓度和深度也会增加。有厚重感的时候称之为醇厚度。

5 甜味

咖啡果成熟后，果肉和生豆就会有甜味。越成熟的生豆糖分越高，这就成了咖啡的甜味。

☕ 找到心仪咖啡豆的要点

1 酸味、甜味、苦味，
喜欢哪一个？

咖啡有酸味、甜味、苦味，根据豆子的不同，咖啡的平衡也会有所不同。首先，尝试以酸味、甜味、苦味为特征的咖啡，开始了解自己的喜好。开始品味与被认为是味道平衡度很好的"巴西"等相比，接下来与酸味、甜味、苦味明显的咖啡相比，就会发现差异。

→ P42

2 个性派和平衡派，
喜欢哪一个？

咖啡中有酸味、甜味、苦味之间平衡性好的品种和具有独特的味道、香气的品种。有特性的咖啡根据人的不同，会出现好恶两种情况。因此，与平衡性好的咖啡相比较，也是检验自己喜好的一个方法。

→ P43

3 试着品尝因为烘焙度
不同而改变的味道

以上两点是了解咖啡豆的特征，寻找心仪咖啡豆的步骤。但是即使是同样的豆子，根据烘焙度不同，味道也会有很大的变化。找到了自己心仪的豆子后，试着检验一下根据烘焙度不同，味道会如何变化。

→ P56

第一章 PART1 细细品味咖啡豆

具有代表性的咖啡豆

下面介绍一下 P41 步骤 1、2 中提到的具有代表性的咖啡豆。不过由于精制、烘焙、萃取的方法不同，味道也会发生改变，因此更加富有多样性。

1 酸、甜、苦味的代表

甜味代表

危地马拉咖啡

特点是甘甜醇香、酸涩略苦，有沁人心脾的浓郁之感，给人无限回味和深刻印象。凭借完美的平衡调和，让人很容易品出其中的甘甜，也称之为淡味。

酸味代表

乞力马扎罗山、夏威夷科纳咖啡

乞力马扎罗山咖啡被认为是酸味咖啡的代表，特点是有酸甜的香味和独特的水果的酸味。此外，摩卡、夏威夷科纳、肯尼亚等咖啡也是人们熟知的咖啡。

酸甜苦味相调和的代表第一位

巴西咖啡

不知喜好的话，请首先选择这个吧！

不知道喜欢酸甜苦哪种味道，那就请试试这种酸甜苦味调和平衡的巴西咖啡吧。如果想要再有一点酸味的话，那就和乞力马扎罗山咖啡比较一下，找到自己喜欢的咖啡豆。

苦味代表

曼特宁咖啡

曼特宁咖啡是苦味咖啡的代表。味道浓厚有苦味，体现出震撼人心的浓厚味道和异国情调。建议喜欢苦味的人进行深度烘焙。可以与甜点搭配。

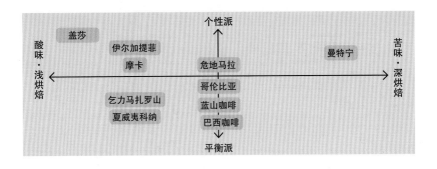

个性派

酸味·浅烘焙 ← → 苦味·深烘焙

盖莎

伊尔加提菲
摩卡

危地马拉

曼特宁

哥伦比亚
蓝山咖啡
巴西咖啡

乞力马扎罗山
夏威夷科纳

平衡派

2 个性派、平衡派的咖啡豆

醇香代表

盖莎咖啡

　　盖莎咖啡近几年颇受欢迎。其特点是具有花香和水果香气，柑橘般清爽的口味，酸味明显，被认为是独特的咖啡代表。

果味咖啡

伊尔加提菲、摩卡

　　伊尔加提菲咖啡特点是具有沁人心脾的果香和成熟果实般的甘甜。产地埃塞俄比亚是咖啡的发祥地，可以说这里的咖啡味道就是最原始的味道。

平衡派代表

蓝山咖啡

重视
平衡的
一派

　　蓝山咖啡酸，香，醇，甘味均匀而强烈，略带苦味，口感调和，风味极佳。此咖啡是重视口感平衡的代表，那么让我们和个性派的咖啡来比较一下吧。

浓香代表

哥伦比亚咖啡

　　哥伦比亚咖啡味道十分浓厚，微酸略甜。和巴西咖啡、危地马拉咖啡一同被称为调和平衡的咖啡，经常被用作混合咖啡的基础。

43

让我们更多地了解一下目前流行的咖啡豆吧！

近年来，精品咖啡逐渐增加，咖啡的种类得到细化。如今想探究咖啡源头的人们，首先应该从目前最受欢迎的 8 种咖啡开始。

精品咖啡主要在产地国被细化

以日本为例，20 世纪 60 年代，日本自由进口生咖啡豆和速溶咖啡。20 世纪 70—80 年代，日本的咖啡店数量剧增。那时，日本进口的咖啡豆大多来自巴西、越南、哥伦比亚、危地马拉、印度尼西亚（曼特宁）、埃塞俄比亚（摩卡）、坦桑尼亚（乞力马扎罗山）。

1990 年以后诞生了原味和精品咖啡的概念。虽然日本的咖啡种类激增，但仅在上述主要产地国中细分了咖啡种类。从国别来看，日本进口咖啡的产地国并没有发生太大变化。或许也可以说，一直以来受到欢迎的产地国的咖啡得到了进化与发展。

不同的咖啡种类各有特色

以下提到的 8 个品种，口味均有各个产地国独具的特点，可以说基本没有相同的地方。因此，建议大家先品尝一下这 8 种咖啡，通过感受其独特的魅力，找到自己喜欢的口味。

另外，很早以前蓝山咖啡和夏威夷科纳咖啡在日本就很受欢迎。70% 的用于生产蓝山咖啡的咖啡豆都被进口至日本，那时用英国皇室御用这样的宣传标语来吸引日本人。此外，夏威夷科纳咖啡并不是因为日本人去夏威夷旅游才流行，而是作为礼物被熟知。以上两种咖啡口味香醇，入口滑顺，这也是其受欢迎的原因。

口感好，平衡调和的混合咖啡中不可或缺的

巴西咖啡

收获的咖啡果实要放置在乙烯树脂的平台上曝晒数日。被称为产量世界第一的巴西咖啡，有许多巨大的农业园。

味道	饮用场合	适度烘焙
特点是微酸味浓，略苦。因为口感柔和，没有特殊的味道，常被用于混合咖啡。	因为口感柔和，适合在工作间隙的休息时间享用。	中烘焙，中深烘焙。

日本进口的咖啡豆中，数量最多的就是巴西产的。在巴西，有 22 万多个咖啡农场，平均一个农场里种植着 18000 棵咖啡树。80% 是阿拉比卡，也有波本、铁毕卡、新世界、苏门答腊、卡杜阿伊、马拉戈吉培等品种。巴西咖啡生产量、出口量均达到世界第一位。

巴西咖啡被认为口感柔和滑润，由于其出口需求量过大，出口时通常会混入各个农场产的咖啡豆。

其精制方法多采用自然日晒法，但近年，半日晒法逐渐增多。也有极少数使用水洗法。即便品种相同，但精制方法不同，味道也会发生变化，因此，人们热衷于制作有特点的咖啡豆。

45

制作方法独特，具有泥土的味道

曼特宁

印度尼西亚有很多建在山地上的小农场，在草莓树中间混合种植着香蕉树等。右侧的图片就是人们徒手挑选咖啡豆的场景。

味道	饮用场合	最佳烘焙
有冲击力的味道，酸味淡，有浓郁的香味和苦味，口感醇和浓厚。	浓郁的香味和苦味适合饭后清口。	中深烘焙～极深烘焙。

17 世纪初，印度尼西亚开始栽培从南印度传入爪哇岛的阿拉比卡种子。好景不长，19 世纪至 20 世纪初期，叶锈病几乎将咖啡树赶尽杀绝，90% 改种能抵御叶锈病的罗布斯塔咖啡树。阿拉比卡种子减少到了总数的 10% 左右，在这 10% 中，只有苏门答腊岛北部栽培的阿拉比卡种子以高品质而闻名，这就是曼特宁。

其特点是酸度较低，苦味和香味浓郁。制作这种味道的方法被称为"苏门答腊式"加工处理法。苏门答腊岛高温多雨，曼特宁种植在海拔超过 1000m 的山地，气候凉爽温和，土壤具有火山性，有机物丰富。曼特宁这个名字源于北苏门答腊岛部落的曼特宁族。

具有冲击力的苦味浓厚的曼特宁

产地地形富有变化，口味多样

哥伦比亚

作为高品质的沃神德·阿拉比卡咖啡的最大生产国，哥伦比亚咖啡将继续保持其品质。日本的生豆进口量也居于第三位。

味道	饮用场合	最佳烘焙
浓郁的醇味、适度的酸味与淡雅的甜味配合得恰到好处。	用它醇厚的香味，来转换一下午后心情吧。	微中烘焙～深烘焙。

在哥伦比亚，以安第斯山脉为首，内陆地区南北走向有3座山脉。咖啡豆栽种在海拔1200~2000m的山地上。沿海平原是热带雨林气候，山地则是凉爽温暖的气候，是适合栽种咖啡的地区。例如，昼夜温差大，每年有两次雨季，土地含有大量火山灰。并且，由于南部、中部、北部的环境差异，产出多样的咖啡豆，把它们混合在一起，制成了酸甜苦味的平衡调和的上好咖啡豆。

主要品种有波本、铁毕卡、卡杜拉、马拉戈吉培等，均为阿拉比卡种。人工采集，加工方法通常为水洗法。成立于1927年的哥伦比亚国家咖啡生产者协会（FNC）促进了哥伦比亚高品质咖啡的稳定供应。

醇香、甘甜、酸味适中的哥伦比亚

从水果中获得上等酸味的"咖啡豆贵妇"

摩卡

上面的图片是埃塞俄比亚的自然日晒加工处理法。埃塞俄比亚是阿拉比卡种子的发祥地，如今主要生产咖啡。

味道	饮用场合	最佳烘焙
具有水果的酸味和动人的香味，在酸中又能品出一丝甜味。酸味和甜味结合，没有苦味。	在清爽的早晨醒来后喝一杯吧。	微中烘焙～中烘焙。

　　在日本，摩卡这个品牌一直十分有名，以摩卡命名的咖啡有中东也门产的"摩卡马塔利"，非洲埃塞俄比亚产的"摩卡锡达摩""摩卡哈勒"等。

　　为什么把它们统称为摩卡呢？那是因为，过去，也门和埃塞俄比亚产的咖啡豆混杂在一起从也门的摩卡港出口。最近，越来越多的咖啡豆以各自的品牌进行销售。

　　也门产的"摩卡马塔利"有水果的酸味。除阿拉比卡种的铁毕卡和波本以外，还有其他原生种品种。加工处理方法多采用自然日晒法。埃塞俄比亚产的"油加切菲"也很受欢迎，具有水果的芳香和醇香，品种为阿拉比卡的固有品种，加工处理方法为自然日晒法和水洗法。

具有独特雅致的香味与酸味的摩卡

强烈的酸味后，有酸甜的香味和上等的余味

乞力马扎罗山

北部的乞力马扎罗山咖啡比南部的咖啡品质好，但最近南部的咖啡品质也在不断提高。

味道	饮用场合	最佳烘焙
动人的香味和水果的酸味，酸甜的香味在口中蔓延。清爽的上等余味受人欢迎。	酸甜的香味和醇香，在上午工作休息时喝一杯吧。	微中烘焙～中深烘焙。

　　乞力马扎罗山是屹立在坦桑尼亚东北部，海拔 5859m 的非洲最高峰——乞力马扎罗山得来的品种。在坦桑尼亚国内，除了北部乞力马扎罗山区以外，南部高地也能种植此品种。布科巴地区以外，其余全部以乞力马扎罗山品牌上市。海明威创作的电影《乞力马扎罗的雪》曾在日本大受欢迎，以此为契机，乞力马扎罗山咖啡也受到广泛关注。

　　在日本人印象中，乞力马扎罗山酸味突出，香气浓郁。这是北部地区种植的阿拉比卡品种。而在南部种植的品种则具有明显的水果味道。

　　主要品种有波本、铁毕卡和肯特等。在坦桑尼亚，阿拉比卡种子大多使用水洗法进行加工处理。

水果的酸味和清爽余味的乞力马扎罗山

重视平衡的顶级咖啡豆代表

蓝山

日本曾经为确保蓝山咖啡的市场和生产发展,向其贷款(融资)

味道	饮用场合	最佳烘焙
苦味、酸味、甜味搭配均衡,有轻柔动人的香甜。口感柔和,入口顺滑,深受日本人喜爱。	有客人来访的特殊日子,烘托热情的气氛。	微中烘焙～中烘焙。

蓝山是"生长在牙买加法律规定的蓝山地区,并在法律所指定的炼油厂处理的咖啡",是稀有的品种。主要出口日本、英国、加拿大、美国。之所以在日本成为高级咖啡,是因为日本刚开始进口时,牙买加还是英国殖民地,用英国皇室御用这样的宣传标语销售,大受欢迎。

主要品种是阿拉比卡品种的铁毕卡,加工处理方法为水洗法。由于品质管理严格,所以数量稀有且价格高,通常用桶装运出货。苦味与甜味完美融合,适度的酸味和浓郁的香味很受欢迎。

上等的顺滑口感的蓝山咖啡

山岳养育的豁达醇香代表

危地马拉

　　危地马拉多山地，富有火山灰的土壤最适合种植咖啡。危地马拉国家咖啡协会(ANACAFE)负责研究、指导、宣传、扶持咖啡产业的发展。品种和加工处理方法几乎都是阿拉比卡品种和水洗法。醇香、甘甜，酸味均衡，在安提瓜地区采集的咖啡豆品质最高、最受欢迎。

味道
甘甜清香，微酸又略苦，恰好的醇香，完美的余味，独具魅力。

饮用场合
工作结束后喝一杯，感受其醇香甘甜，得到满足感。

最佳烘焙
中烘焙～深烘焙。

适度醇香和甘甜的危地马拉

具有独特甜味和酸味的咖啡

夏威夷科纳

　　夏威夷科纳是夏威夷岛科纳地区栽培的咖啡豆。产量少，售价昂贵，作为在美国白宫晚餐上出售的咖啡而闻名。主要品种为阿拉比卡种的铁毕卡。加工处理方法为水洗。具有适度的酸味和甜香味，苦味淡，醇香浓郁，给人以清新自然的感觉。

味道
苦味淡，微酸甘甜，清新爽口。

饮用场合
悠闲的休息时光，气氛高雅时刻。

最佳烘焙
微中烘焙～深烘焙。

感到微酸有气度的夏威夷科纳

第一章　PART1　细细品味咖啡豆

咖啡豆的流通

世界各国农场生产的咖啡豆是如何送到我们手中的呢？根据生产国家的不同，会有不同的途径。下面介绍一下咖啡的大致流通途径。

用生咖啡豆来进行交易

农场采摘咖啡豆以后，用生豆来进行交易。规模大的农场会对其进行加工处理，但个人经营的小农场只是把采摘的果实直接卖给咖啡精制业从业者，因此只进行手工采摘。其间也有经纪人参与的情况，但最后生豆都会被集中在出口从业者手中，统一出口。

通过日本商社进口的咖啡生豆会被卖给生豆批发商或者焙煎加工业者，这样烘焙后的豆子就可以卖给咖啡店或者咖啡豆销售店。最近，有不少咖啡店和咖啡豆销售商直接从商社或者生豆批发商处购买生豆，在店里自己烘焙再出售。

大型咖啡制造商和咖啡连锁店从咖啡豆的生产、进出口、烘焙到销售，一律由自己公司亲自管理。

直到咖啡陈列到店里的流程

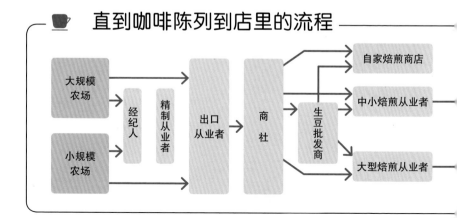

1 世界咖啡生产量

（2016 年）

巴西、越南、哥伦比亚 3 国生产的咖啡占世界的一半以上。

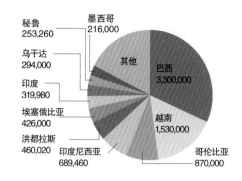

秘鲁 253,260
墨西哥 216,000
乌干达 294,000
印度 319,980
埃塞俄比亚 426,000
洪都拉斯 460,020
印度尼西亚 689,460
其他
巴西 3,300,000
越南 1,530,000
哥伦比亚 870,000

2 日本咖啡生豆的分国别进口量（2016 年）

日本进口的咖啡大约三分之一来自巴西。由于近年牙买加、夏威夷的咖啡豆价格高涨，进口量减少。

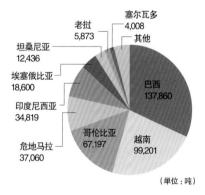

塞尔瓦多 4,008
老挝 5,873
坦桑尼亚 12,436
埃塞俄比亚 18,600
印度尼西亚 34,819
危地马拉 37,060
哥伦比亚 67,197
其他
巴西 137,860
越南 99,201

（单位：吨）

3 世界人均咖啡消费量（2015 年）

包含 EU 在内，芬兰的消费量有超过挪威的倾向。

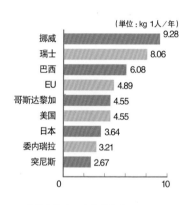

（单位：kg 1人／年）

挪威 9.28
瑞士 8.06
巴西 6.08
EU 4.89
哥斯达黎加 4.55
美国 4.55
日本 3.64
委内瑞拉 3.21
突尼斯 2.67

1 参照的是 ICO（International Coffee Orgabization），2、3 参照的是全日本咖啡协会

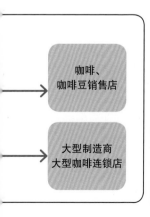

咖啡、咖啡豆销售店

大型制造商 大型咖啡连锁店

专栏

什么是新豆（new crop）、一年豆（past crop）和陈豆（old crop）？

"crop" 在日语中是收获物的意思。"new crop" 指的是一年内采摘的豆子，"past crop" 指的是去年采摘的豆子，即一年豆。所谓 "old crop" 指的是采摘两年以上的豆子。生豆越新鲜味道越好。新豆水分占 10%~11%，呈深绿色，但随着时间的推移，颜色变淡，水分流失，味道也逐渐变得温和。

可持续咖啡
（sustainable cafe）

Sustainable 一词的意思是 "可以持续"。致力于不管是自然还是生产者都能持续稳定地生产咖啡。

消费者和生产者都要以人和自然共存为目标

咖啡的生产会受天灾和病虫害等自然环境所影响，并且，作为期货交易商品，价格波动较大。在咖啡产地，一些不发达国家为了价格竞争而使用廉价劳动力，尽管如此也没有办法减少小规模农场的生产成本。

总之，在环境、劳动、流通等问题重重的情况下，如何创造出一个能够放心、安定地生产品质优良咖啡豆的环境，也是消费国家应该考虑的问题。下面介绍 3 个致力于可持续系统的情况。

让自然和身体都放心的咖啡
有机咖啡

在日本，对有机农产品有如下规定："使用天然肥料培育土壤，不使用化学合成肥料和农药，发挥土壤本身特性，采用尽可能减少环境负荷的栽培管理方式进行生产。"

咖啡有机认定的条件是，必须是 3 年以上没使用过被禁农药、

化学肥料的农场中采摘的咖啡豆。只有在日本农林水产省登记的，被第三方认定的农场的咖啡豆才能使用 "有机咖啡" "有机 JAS" 标志。

森林和候鸟共生的咖啡

候鸟咖啡

由于咖啡需要种植在海拔高、凉爽的地区，所以在山丘地带机械无法进出的山区存在着许多农场，徒手采摘咖啡成了主流。然而，由于大量生产的浪潮要求使用机械化采摘和削减生产成本，因此那些遮光树被砍伐，导致供候鸟栖息的森林减少，候鸟数量也不断减少。

于是，美国斯密索尼亚候鸟中心于 1999 年成立了"候鸟友好咖啡"的认证机构。它设立了采用有机栽培，森林里有 11 种以上的树种，15 米以上的大树大约占 20%，12 米以上的中等树占 60% 等认证基准，保护森林、候鸟、生产者的农业生产。在传统的农场中遮光树生长旺盛，实行混合种植。

※ 混合种植：一边开展农业一边实行森林再生的农业种植方法。种植树木，在树木间栽培农作物、饲养家畜。

保护生产者，支持经济发展与品质

公平贸易认证咖啡

发展中国家咖啡生产者大多数是小规模农场。由于价格由伦敦和纽约的国际市场决定，需要把价格交涉委托给中间商，因此无法得到所期望的收入。

1997 年，由包含日本在内的 14 个推进组织成立了"国际公平贸易标签机构"（如今约有 30 个推进组织）。制定"公平贸易价格"后，规定即使市场价格下降，来自生产者的购买者也必须保证"公平贸易价格"。另外，小规模农场主们也成立了生产者工会，通过集体的力量来提高生产力，以具有与市场直接交涉的能力。

什么是烘焙？

所谓烘焙（roast），就是烘焙咖啡生豆的工序。释放出不同产地、品种、精制方法等的咖啡豆的香气，是制作美味咖啡不可或缺的基础工作。

咖啡生豆由于热作用发生变化

烘焙（roast）是烘焙咖啡豆的工序。提到咖啡豆，人们就会想到黑色有光泽的带有香味的豆子，但那些都是烘焙后的咖啡豆。

经过精制、脱壳等处理的咖啡生豆的颜色接近淡黄绿色。生豆几乎无味，由于带有少许青涩的味道，不适合制作饮品。生豆通过烘焙，才释放出了咖啡的香味。

那么，经过了烘焙的咖啡豆是怎样发生变化的呢？首先，淡黄绿色的生豆一经加热，内部水分减少，颜色逐渐变白。接着，吸收了热量的豆子开始收缩，颜色由白变黄，紧接着变成茶褐色。继续加热，豆子内部压力增大，开始发出像崩爆米花一样的噼里啪啦的声音，这被称作"爆"。刚开始加热会产生"一爆"，之后会产生"二爆"。经历过"爆"这个阶段，豆子膨胀、体积倍增，相反重量减轻。

豆子内部的油脂渗出表面，出现咖啡豆独有的巧克力色和光泽后，烘焙完成。

☕ 烘焙引起的生豆变化

烘焙前

使用的豆是危地马拉产的 "拉菲"（波本、铁毕卡、卡杜拉的混合品种）。

 色 淡黄绿色

 香 青涩

 味 几乎无味

1 水分蒸发，变白

2 豆子表面收缩，出现褶皱

3 豆子膨胀，产生破裂声（一爆）

4 豆子褶皱消失，
发生第二次破裂声（二爆）

5 油脂渗出表面，呈现光泽

烘焙后

使用的豆是危地马拉产的 "拉菲"（波本、铁毕卡、卡杜拉的混合品种）。

 色 巧克力色

 香 焦糖化的香气

 味 味苦

了解烘焙程度

咖啡豆颜色和香味的变化是由于加热程度不同。我们把这个变化阶段称为"烘焙程度"。让我们来详细了解一下吧。

← 酸味增强

浅烘焙	一爆	中烘焙

＊危地马拉产的"拉菲"最高烘焙到220℃

极浅烘焙	浅烘焙	微中烘焙	中烘焙
是最浅的烘焙程度。颜色是带有黄色的茶色。香气和浓度均不足，在这种状态下几乎不能流通。	特点是出现标志着豆子水分开始蒸发的肉桂色。虽然咖啡的香味开始散发出来，但仍不适合饮用。	豆子是栗子色。是一爆基本完成的烘焙程度。通常这种程度可以用于饮用。	比微中烘焙香味更浓，萃取的透明状液体中可以感到有酸味和淡淡的醇香。

小贴士
以自然干燥精制出的生豆为代表，想得到豆子原本的味道和香味时推荐使用该烘焙程度。适合的品种为摩卡、乞力马扎罗山等。

小贴士
推荐使用低地～中高产地采摘的有些许绿色的生豆。能够最大限度地发挥味道和香气。适合的品种为巴西、哥伦比亚等。

小贴士
多用于检查生豆品质的测试烘焙。

决定咖啡味道的 8 种烘焙程度

　　根据烘焙生豆的变化可以分为 8 种烘焙程度。下图介绍了烘焙程度相应的生豆变化。从极浅烘焙到极深烘焙，色香味会发生变化。

　　轻度的烘焙叫作浅烘焙，深度的烘焙叫作深烘焙。一般来说，随着烘焙的进展，味道会由特酸变成特苦。因此，烘焙到什么时间停止成了决定咖啡豆味道的关键。

苦味增强→

二爆　　中烘焙　　深烘焙

中深烘焙

深烘焙

法式烘焙

极深烘焙

　　二爆刚发生即停止的状态。巧克力色，酸味和醇香达到平衡。很容易让初级品尝者当作基础味道。

　　二爆发生期间停止的状态，可以从醇香中品出些许苦味。酸味极淡。

　　二爆结束后继续加热的状态。浓巧克力色，提取出浓厚的醇香和温和的苦味。

　　深煎中最高级的接近黑色的颜色。表面浮出厚厚的油脂，特点是有轻微的类似烤焦的香味和刺激性的苦味。

第一章　PART1　细细品味咖啡豆

小贴士

　　以危地马拉为代表的中高产地的咖啡豆，烘焙至中度～深度的程度，更能体现出其独特的风味。适合的品种为曼特宁、危地马拉。

专栏

烘焙程度

　　8 种烘焙程度根据咖啡豆的种类和销售商店等不同，有微妙差异。购买时请仔细确认。

寻找自己喜欢的烘焙程度

即使是一种豆子，咖啡的味道也会随着烘焙的程度产生变化。通过改变喜欢的咖啡豆的烘焙程度，能够邂逅一种新口味，得到更多享受。

改变烘焙程度

烘焙程度是决定咖啡味道的重要因素之一。即使豆子的种类相同，由于烘焙程度不同，味道也会发生惊人改变。想要找到自己喜欢的咖啡，提前了解由于烘焙程度的不同味道会发生怎样的改变是至关重要的。

每个销售咖啡的店铺和烘焙馆都有自己的烘焙基准，即使是相同咖啡豆、相同的烘焙程度，也未必所有的店铺都是一样的味道。不过，浅煎酸味重，深煎苦味重，这是所有咖啡豆的共同点。这是因为烘焙产生的化学变化，使豆子中产生了酸味和苦味。

寻找喜欢的烘焙程度时，以酸味和苦味两种味道为基准，进行比较来品尝。

☕ 选择前要提前知道的事

1 酸和苦由烘焙程度决定

咖啡的酸味和苦味不是因为豆子的不同，大多是因为烘焙程度的不同。初级品尝者很容易搞错，所以要注意一下。

2 烘焙程度因店而异

烘焙程度大多数情况是，每家咖啡豆店和烘焙馆根据自己的情况来制定标准。最好进行一下比较。

3 加糖的话建议深煎

建议喜欢给咖啡加糖或牛奶的人，选择苦味重的深煎，这样会带来更甜的感觉。

心仪的烘焙程度的寻找方法

| 尝试深煎 | 希望更苦 | 尝试中煎 |

尝试深煎

如果喜欢苦味浓一点的话，就选择深煎。也试着享用其浓香吧。

深烘焙

法式烘焙

极深烘焙

希望更酸

尝试浅煎

特别咖啡中大多数是浅煎。推荐给喜欢独特酸味的人。

微中烘焙

尝试中煎

因为即便店铺不同，味道也没有太大差异，所以想要有效率，就以中度烘焙为基准。

中烘焙

中深烘焙

知道了喜好以后再尝试变换咖啡豆

首先，用自己喜欢的豆子试着中烘焙。有一些商店也会使用"中深烘焙"这样的说法。这时需要确认一下是中深烘焙还是中烘焙。

试饮一下中烘焙的咖啡，通过感觉希望再苦一点还是再酸一点，确认自己喜欢的烘焙程度。找到了自己喜欢的烘焙程度后，用同样的方法试饮其他品种的咖啡豆。如果觉得不是自己喜欢的咖啡豆，试着改变一下烘焙程度，也许会意外地品尝到自己心仪的口味。

通过掌握烘焙程度的不同，能更深刻地感受到咖啡的魅力。

关于烘焙机

能同时烘焙很多咖啡豆的商用烘焙机主要有以下 3 种，各有优缺点。

烘焙机的构成

根据烘焙机加热豆子方式，可以分为以下 3 种类型。"直火式"是使用表面带有网状穿孔设计的滚筒作为直接热源来加热的。通过洞孔直接用炉火加热豆子，因此可以进行高温烘焙。不过缺点是豆子很容易飞出滚筒，不能烘焙大量的豆子。"热风式"是用没有孔洞的滚筒吸入热风，进行烘焙。因为受热均匀，豆子很难飞出筒外，可以用来烘焙大量的豆子，不过香味略淡。"半热风式"是一种初级使用者也能轻松控制其温度的烘焙机，如今已经成为商用烘焙机的主流。

☕ 烘焙机的类型

直火式

旋转装有豆子的滚筒时，直接用火烘焙。热风和烟经过滚筒从排气管排出。

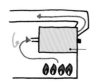

优点： 通过直火可以进行高温烘焙。

缺点： 较不易烘焙均匀。

热风式

不直接使用热源加热滚筒，而是鼓入热源产生的热风实现烘焙。烟和热风都通过排气管排出。

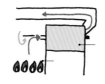

优点： 豆子受热较均匀。

缺点： 香味不浓。

半热风式

用直火和热风两种方式进行烘焙。

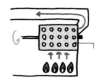

优点： 易于控制温度，适合初学者。

缺点： 高温容易导致表面烤焦。

☕ 烘焙机的构造

滚筒：
铁制的可以旋转的汽缸。内部用于烘焙豆子。

漏斗：
从此处将生豆投进滚筒内部。

气压计：
表示火力大小。压力越高，火力越强。

排气减震器：
烘焙时调整循环空气的流动。

样品汤匙：
在烘焙期间取出豆子确认其状态。

冷却瓶（冷却槽）：
为了停止煎豆的冷却槽。

窥视窗：
方便确认滚筒中豆子的状态。

碎屑收集器：
收集烘焙过程中脱落的薄皮。

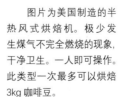

图片为美国制造的半热风式烘焙机。极少发生煤气不完全燃烧的现象，干净卫生。一人即可操作。此类型一次最多可以烘焙3kg咖啡豆。

操作面板：
进行燃气点火等操作。

烘焙的顺序

决定咖啡豆味道的烘焙是按什么顺序进行的呢？接下来我们将以专业的烘焙机为例，说明一下烘焙的具体流程和要点。

控制温度和时间，提高品质

在烘焙过程中温度管理十分重要。可根据放入烘焙机的咖啡豆重量，来控制调节温度，因此，要使用计量器进行正确的称量。烘焙机中豆子开始加热后，水分蒸发，表皮脱落。接着会发出噼里啪啦的声音，散发出芳香。通过豆子的颜色和破裂的声音来调节内部温度也十分重要，如果说这种温度调节决定了咖啡豆的味道也不为过。

为了制作出理想的味道，要有目的地改变温度和加热时间，采用不同的烘焙方法。发生破裂的时机也可以说是检验烘焙人手艺的一个重要因素。

烘焙的要点

温度
在烘焙中设定细致的温度，可以影响成品的品质。

投入量
豆子的投入量不同，温度的管理方法也要做出改变，因此需要正确计量。

色
通过检查生豆颜色的变化，掌握烘焙程度。

破裂声
分为第一次和第二次，是衡量停止烘焙时间节点的重要依据。

时间
豆子的味道和香气会在很短的时间内发生变化，需要加以注意。

☕ 烘焙前后的手工筛选

在咖啡烘焙前后，去除对咖啡香味产生不良影响的瑕疵豆。

第一次

烘焙前容易发现的瑕疵豆

[虫蛀豆]

小虫繁殖，产生臭味。

[霉菌感染豆]

在储存中受潮长毛的豆子。

[干燥咖啡豆]

脱壳不完全，果肉残留。发出臭味。

[黑豆]

过度发酵变色的豆子。腐烂发臭。

[死豆]

没有正常结果的白色豆子。发出特殊恶臭。

[羊皮纸壳豆]

脱壳时内果皮残留的豆子。发涩，有刺激性味道。

烘焙前手工筛选的注意事项

剔除颜色、色泽、形状不同的豆子。不要觉得浪费，要把觉得不好的豆子扔掉。

第二次

烘焙后容易发现的瑕疵豆

[破损豆]

生豆脱壳时由于摩擦压迫而破损的豆子。

[贝壳豆]

由于遗传等因素，外表呈贝壳状的豆子。

[未熟豆]

尚未成熟就采摘的豆子。烘焙后着色差。

[烤焦豆]

烘焙不均匀或过度，烤焦的豆子。

烘焙后手工筛选的注意事项

剔除烤焦的豆子。使用白色托盘。在自然光、荧光灯下更方便分拣。

使用烘焙机进行烘焙

1 开始
称量生豆

使用计量器称量投入量（本次使用1500g生豆）。

2 180℃ 0分
投入生豆

首先启动烘焙机，提高滚筒内温度。待汽缸充分受热，将生豆投进漏斗内。

3 145℃ 2分
水分蒸发

利用滚筒中的热量煎豆，使豆子中的水分得以蒸发。豆子开始脱壳。

4 180℃ 10分
加热

豆子变黄，表面产生褶皱后，提高滚筒内温度。加大豆子内部压力，促进一爆发生。

5 | 208℃ | 12分
豆子破裂（一爆）

滚筒内温度持续上升，发出噼里啪啦的声音（一爆）。使用样品汤匙查看豆子状态。

6 | 210℃ | 13分
调节火力

在一爆发生的同时温度快速上升，一边操作烘焙机一边改变热风量，调节火力。

7 | 220℃ | 14分30秒
豆子破裂（二爆）

二爆开始。此刻开始，每秒都会产生不同的香气。减小火力，停止烘焙。

8 | 结束 | 16分
移出汽缸

达到目标的烘焙程度后即可停止烘焙。将豆子放入冷却槽中搅拌。冷却后从冷却槽中取出，妥当保存。

完成！

尝试一下家庭烘焙吧!

你知道不使用烘焙机也可以轻松烘焙的方法吗?下面将介绍在家也很容易操作的烘焙方法。记住这些窍门,来试试自己喜欢的烘煎程度吧。

容易上手的手网烘焙方法

提起烘焙,很容易想到,必须使用像大型烘焙机那样的工具来进行。但实际上,也可以使用我们身边的工具来操作。近年,"家庭烘焙"(在家烘焙咖啡豆)这个话题很有人气。想自己尝试烘焙的人,从使用手网的"手网烘焙"开始吧。

在烘煎过程中,为了不让咖啡豆飞溅,通常在手网上盖上盖子,并可用家用煤气作为热源。 由于一开始烘焙就会有碎片飞溅,所以在容易打扫的地方进行比较好。由于在烘焙过程中咖啡豆的温度会上升至200℃以上,所以必须要戴手套。在烘焙结束后,选用不锈钢材质的容器盛装咖啡豆,使其冷却。

手网烘焙的优点是用肉眼可观察到烘焙的过程,很容易控制第一爆和第二爆的时间。也可以自由地尝试自己喜欢的烘煎程度。同时,为了使烘焙均匀,有必要学会使用手网的窍门,所以在熟练使用之前也许需要花费一些时间。即使如此,自己烘焙而成的咖啡豆定会冲泡出一杯带有满足感的珍贵咖啡。

家庭烘焙的注意事项

- 因为会被银皮弄脏,所以要在容易清扫的地方进行。
- 因为会冒烟,所以要打开换气扇再开始烘焙。
- 在不熟练的时候,少用一些咖啡豆。
- 不要忘记烘焙前,手选去除瑕疵豆、石子等杂质。

🍵 手网烘焙必需用品

首先，准备好家庭烘焙所必须用的工具。
可以在五金店或超市购买。

生咖啡豆的
购买方法

　　由于出售的实体店较少，所以要在详细记载了收获年的网站购买。

生咖啡豆

　　使用量要符合手网的尺寸。关于咖啡豆的种类，建议用价格适中且容易煎熟的咖啡豆。

必备工具

槽

瓦斯炉

可以移动的家用卡式瓦斯炉。

烘焙用手网（直径13cm）

附带盖子，背面有槽。

筛子

选择不会烧焦的不锈钢材质。

手套

在高温烘焙中保护我们的手。

吹风机

用来冷却煎好的咖啡豆。

计时器

为了更好地控制烘焙结束的最佳时机。

专栏

烘煎咖啡豆的正确量

　　在进行手网烘焙前，不要忘记称量生咖啡豆的重量。即使在烘煎温度固定的情况下，也会由于咖啡豆量的不同，产生第一爆和第二爆的时间会不同。为了重复进行手网烘焙来打造一款自己喜欢的烘焙度，应选用合适重量的生咖啡豆。

☕ 家庭烘焙的顺序

1 将生咖啡豆放入手网中

将生咖啡豆称量好，放入手网中（图片中为 50g）。因为在刚开始烘煎时，咖啡豆会飞溅出，所以一定盖好盖子。

2 把炉灶调成中火

炉灶设定成中火。开始时，手网放在距炉灶 30cm 左右的位置进行加热。手网左右摇动，可使咖啡豆受热均匀。

3 使咖啡豆脱水

咖啡豆脱水后，浅黄绿色的咖啡豆变成黄褐色。然后，表皮开始渐渐破裂。

4 使咖啡豆颜色一致

手网左右摇动，使咖啡豆颜色逐渐一致，同时逐渐靠近炉火。最后放在距炉火上方大约 10cm 的位置。

错误

为了避免烘焙不均匀，手网一定要水平摇动，不可倾斜。

5 一爆开始

在烘煎开始至 10 分钟左右，为第一次破裂。伴随着"噼噼啪啪"的声音，薄皮和烟会大量地出现，不必在意，继续摇动手网。

6 调解烘煎程度

一爆结束后，把手网与炉灶的距离略拉高，继续烘 2 分钟，开始二爆。

—爆结束 ————2 分钟————→ 二爆

深烘焙　→　中深烘焙　→　中烘焙

7 二爆开始

二爆开始后会响起"滋滋"的声音。二爆后停止，是从法式烘焙到意式烘焙的变化。

注意不要煎焦。

意式烘焙　→　法式烘焙

8 倒入筛子中冷却

达到自己喜好的烘焙程度之后，把咖啡豆倒入筛子中，用吹风机冷却 1 分钟左右。

完成！

ROAST

家用烘焙机

对于想在家中真正体验烘焙乐趣的人，推荐使用小型烘焙机，或者可以手工煎制的烘焙器具。由于近年来的咖啡热，市面上开始售卖各种烘焙机，下面介绍其中的一部分。

小型家用烘焙机

手动烘焙虽然能自己控制烘焙火候，但是有需要一直照看和有薄皮飞溅的缺点。对于真的想要享用自己烘焙咖啡的人来说，推荐使用在家庭中就能使用的自动烘焙器具。

家用烘焙机的最大优点是体形较小，能在一些较小的场地使用，如厨房等。烘焙机的能源分为天然气和电力两类。选择一个适合日常使用的类型，并且注意用气、用电安全。近年来，甚至还出现了一些能通过智能手机来记录烘焙工序的高科技烘焙机。

对于那些执着于用传统方式亲手烘焙的人来说，可选择一些不会飞溅薄皮的烘焙器具。根据个人的用途和爱好来选择想要的产品吧。

1. 瓦斯式

煎太郎

　　可直接连接煤气和丙烷气使用的类型。一次可以烘焙 100~500g 的咖啡豆。/ 富士咖机

- **烘煎方式**：直火式烘煎、半热风式
- **烘煎量**：500g/ 次
- **尺寸**：宽度 300mm× 深度 430mm× 高度 620mm

享受直火式烘焙的口感!

只需在炉灶上摇动使用!

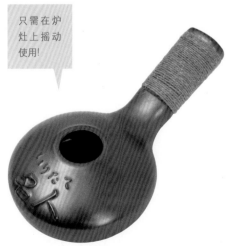

2. 手工烘焙

家庭焙煎　现烘名人

　　可以在炉灶上烘焙的陶瓷制手工烘焙工具。飞溅薄皮较少，花费时间少。/ 一宫物产

- **烘煎方式**：直火式烘煎
- **烘煎量**：60g/ 次
- **尺寸**：宽度 130mm× 深度 230mm× 高度 85mm

烘焙师

为了最大限度地激发生咖啡豆的潜能，长年的经验和技术是不可或缺的。"烘焙师"是对整个烘焙领域具有渊博知识的专家。

烘焙师所需具备的能力

高超的烘煎技术

具有丰富的烘焙机知识，可以完成烘煎程度。

丰富的生咖啡豆的知识

熟知自己所使用的咖啡豆的特征、最佳烘焙程度和抽出时间。

关于生产国的知识

到产地检查栽培方法和精制方法及生长环境。

寻找最佳烘焙火候的咖啡豆烘焙专家

烘焙咖啡豆需要一定的资格吗？

答案是否定的。

烘焙本身是不存在国家考试和资格证书取得这一说法的。极端点说，谁都能自己进行咖啡烘焙。不过，如果想作为一名职业的烘焙人进行烘焙，没有被客人认同的专业技术和知识，是无法将烘焙作为一种工作的。

未经处理的咖啡豆根据其产地、品质、精制方法的不同会产生各自固有的味道和香气，而能够通过找出合适的烘焙火候，将这些咖啡豆的特性最大限度地发挥出来，并维持一个稳定、高质量产出的人被我们称为职业烘焙师。

说起能够将咖啡豆的特性最大限度发挥出来的技巧，除了必须对咖啡豆十分了解之外，对加热时间、火力大小的设定和被称为"烘焙管理（roast profile）"的细微火力控制诀窍也必不可少。烘焙师们一边反复尝试着烘烤，一边磨炼自己的专业技能，将不同的咖啡豆特征发挥出来。

因此，烘焙师们经常被称为大厨。使用相同的食材制作同样的饭菜，由不同的人来做会有不同的味道。同样的咖啡豆由不同的烘焙师来做的话，味道也会大有不同。

烘焙师柏沼良行先生的一年

在一年中，怎样向客户提供采购来的咖啡豆呢？下面介绍一下咖啡店老板柏沼良行先生的情况。

到产地购买

中南美咖啡豆的收获季节是 11 月至翌年 3 月。选定好要作为打包样品的咖啡豆并购买。购入一年量的咖啡豆。

新咖啡豆到货与烘焙机的保养

8 月左右，购入的咖啡豆到达港口。为迎接即将到来的繁忙期，保养烘焙机。此时烘焙工作并不多。

春 夏
冬 秋

提供给客人

此时为繁忙期。按照在秋天时试验好的最佳烘焙程度，开始烘焙咖啡豆，一直销售到第二年有新的咖啡豆替换为止。

鉴别烘焙程度

配合新豆的到货日期更换咖啡。反复实验烤盘的同时，鉴别每个新豆的最佳烘焙程度。

烘焙专卖店"咖啡自助"的老板兼咖啡师柏沼先生。

从购买到烘焙的专业烘焙师的工作

柏沼先生专门采购中南美的咖啡豆，自己也是买主。在他看来，春天是购入咖啡豆的时节。他游走在各地的农场，选择咖啡豆，在和农场主交涉之后购入这一年所需要的咖啡豆。

秋天，购入的咖啡豆才能漂洋过海到目的地。此时进行新旧豆的替换。即使是同一品种的咖啡豆，每年也各不相同。

因此，每年都要反复进行烘焙试验，每年整理烘烤数据的工作也是必不可少的。

第二章

PART

2

使冲泡方法达到极致

大致了解了咖啡后，接下来就要做"冲泡"
的工作了。掌握提取器具的种类，以及与器具
相匹配的冲水方法。

咖啡冲泡方法与味道的关系

决定咖啡味道的不只是咖啡豆的特性，研磨方法和冲泡方法也会带来味道的改变。让我们来看看是由什么样的因素引起味道的变化吧。

自己喜欢的味道可通过冲泡方法进行调整

咖啡的味道，一般取决于咖啡豆本身的特点，但是也可以根据冲泡方法进行调整。由于冲泡前的研磨方法也会带来味道的变化，所以要知道控制什么样的因素可以决定味道。无论使用何种咖啡豆，都可通过控制这些因素，使其接近自己喜好的口味。

研磨方法和萃取时间与味道浓淡有关。研磨得越粗，越难萃取出其中的成分，味道越淡；研磨得越细，越容易萃取出其中的成分，味道越浓。用细水流慢慢地萃取，味道会很浓厚；用粗水流快速注入，味道就会变得清淡。

另外，萃取时的水温也是影响味道的因素之一。一般来说，适合滤纸式萃取的水温是90℃左右。水温太高，苦味和浓度明显；水温太低，口味偏柔和。

滤杯的构造与咖啡最终的味道也有很大关系，所以，充分了解器具的特征是很重要的。使用与器具相符的冲泡方法进行萃取，更能释放出其香味。

☕ 与咖啡味道相关的要素

萃取时间（萃取速度）

用细水流慢慢注入，需花费时间来萃取，味道醇厚。用粗水流快速注入，味道会变得清淡。

萃取时间	慢	快
咖啡的味道	浓厚	清淡

热水量

萃取时水量越多味道越淡，水量越少味道越浓。

热水量	少	多
咖啡的味道	浓厚	清淡

水温

水温越高，苦味和浓度越明显；水温越低，味道越柔和。

水温	低	高
咖啡的味道	柔和	苦味

咖啡豆研磨方法

研磨得越粗味道越淡，越细味道越浓。

研磨方法	细磨	粗磨
咖啡的味道	浓厚	清淡

咖啡豆的量

咖啡豆越多，味道越浓厚；咖啡豆越少，味道越清淡。

咖啡豆的量	多	少
咖啡的味道	浓厚	清淡

咖啡豆的研磨方法

咖啡豆有多种研磨方法，萃取器具不同，咖啡豆颗粒的大小也不同。粉碎时飘起的浓香，会让人再次感觉到咖啡的美妙。

根据器具调整颗粒

研磨咖啡豆的时候，可以使用研磨机和磨粉机。研磨的方法可以分为粗磨、中磨、细磨以及冲泡意式浓缩咖啡时所需的极细磨，共 4 种。为了使冲泡更加美味，进行适合萃取器具的研磨是很重要的。颗粒的大小被称为粒度，同一种咖啡豆，粒度不同，味道也会发生很大的改变。颗粒越大，成分越难萃取，咖啡越清淡，也很难出现杂味。相反，研磨越细，成分越容易萃取，咖啡越浓厚。但是，由于细磨很容易出现涩味等杂味，所以，在进行滴滤式萃取时，敏捷的手法是必不可少的。

在研磨咖啡豆的瞬间，也会散发出浓香（芳香）。由于芳香是咖啡最大的魅力，所以从研磨咖啡豆就已经开始了享受咖啡乐趣的旅程。

但是，由于研磨时咖啡豆与空气接触的表面积增加，稍稍酸化就会损坏咖啡风味，因此，研磨咖啡最基本的原则是在冲泡之前再开始研磨。只要做到这一点，就可以享受到一杯美味的咖啡。

☕ 颗粒的种类

粗磨

差不多是粗砂糖的大小

　　颗粒越粗，萃取所花费时间越多。主要用于浸泡式萃取，即将热水注入经过法式研磨后的咖啡粉中。味道不苦，且不易出现杂味。

适用器具

法兰绒滴滤式咖啡机
法式研磨机

中磨

比绵白糖稍大一点

　　最常见的颗粒大小，能带来苦味和酸味相平衡的味道。适合于手冲滴滤壶、咖啡机、虹吸壶等各种器具，使用方便。

适用器具

滤纸滴滤式咖啡机
法兰绒滴滤式咖啡机
咖啡机
虹吸壶

细磨

与绵白糖颗粒大小相当

　　由于颗粒细腻，接触热水的表面积较大，所以成分很容易被萃取，形成浓厚的味道。与苦味系的咖啡互补。适用于虹吸壶和滴滴壶。

适用器具

滤纸滴滤式咖啡机
虹吸壶
滴滴壶

极细磨

粉末状

　　非常细腻，几乎为粉末状。最适合萃取味道浓厚的咖啡，用于意式浓缩咖啡机和摩卡壶。很难用家用研磨机研磨，需要使用专用的研磨机。

适用器具

意式浓缩咖啡机
摩卡壶

研磨机的种类和使用方法

研磨机大体上可以分为手动研磨机和电动研磨机两类。一起来了解一下它们各自的特点吧。

为了颗粒大小均一，请记住研磨机的特点

研磨机有手动研磨机和电动研磨机两种类型。手动研磨机用手来回转动把手，适合一天喝一杯咖啡，并且是自己一人享用的人。它的优点是构造简单且便于清洗。一天喝很多杯或者很多人喝的话，电动研磨机更加方便。刀刃的材质由原来的金属到现在的陶瓷。由于陶瓷式的刀刃和金属刀刃相比不易摩擦生热，所以很快就成为主流。

磨豆时需要注意尽可能使颗粒大小一致。颗粒大小越均匀，咖啡的味道就会越分明。相反，如果大小不一，就容易出现涩味或者其他杂味，味道会变得不分明。接下来，了解一下手动研磨机和电动研磨机的使用技巧吧。

☕ 研磨机的使用技巧

手动研磨机

来回转动把手旋转刀刃，将咖啡豆粉碎。转动的速度稍不均匀，颗粒大小也会不均匀，所以，尽可能匀速转动。

电动研磨机

与手动研磨机相比，电动研磨机更加方便，只需保证使用时间不超过标明的连续使用时间就可以了。另外，由于平面式刀片机容易使颗粒不均匀，在研磨过程中可以来回晃动机身使其分散研磨。

粉碎原理

叶片研磨刀

通过刀刃的旋转来粉碎咖啡豆

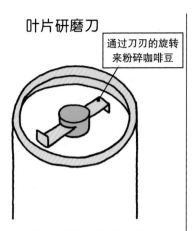

常用于家用电动研磨机，通过羽毛状刀刃的旋转来粉碎咖啡豆。根据粉碎时间长短来改变颗粒大小。颗粒大小很难保持一致，粉末较多。由于刀片的构造比较简单，所以很容易清洗。

平面切刀

在这里将咖啡豆粉碎

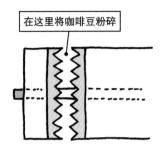

常用于家用电动研磨机，表面有凹凸的齿状，将咖啡豆夹在齿状中间使其粉碎。优点是研磨得均匀，粉末少（粉碎的时候产生的细小的粉末）。尺寸稍大，价格也比较高。

平轮研磨刀

利用横放着的卷刀间隙将咖啡豆粉碎

主要是用于工业用研磨机，在家用研磨机中基本见不到。通过两根横放着的卷刀间隙将咖啡豆粉碎。咖啡豆的颗粒大小均一且研磨速度快。

圆锥形齿刀

用圆锥形的齿刀来粉碎咖啡豆

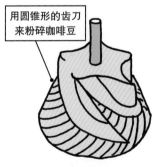

多用于手动研磨机和意式浓缩咖啡用的研磨机。用圆锥形的齿刀将咖啡豆碾碎。通过齿刀与齿刀之间间隙的大小来调整咖啡的颗粒大小。

咖啡的冲泡方法

咖啡的冲泡方法多种多样。在日本，最常用的是手工滴滤式冲泡和使用专用的工具进行冲泡。下面将介绍冲泡咖啡种类及其特征。

萃取原理分两类，味道因器具而变

萃取咖啡的原理大致可分为"透过式"和"浸渍式"。

透过式是指使热水通过咖啡粉进行萃取的方法。控制热水量和冲泡速度来调整味道。也需要一些滴滤式的技术。

浸渍式是使咖啡粉浸泡在热水中进行萃取。由于这个方法比透过式简单，所以即便是初学者，冲泡出的咖啡味道也较稳定。

目前，最常见的咖啡冲泡方法就是使用一套带滤纸的滤壶来萃取的滴滤式。除此之外，还有不使用滤纸而是法兰绒滤布的滴滤壶，在欧洲广泛使用的法压壶，在咖啡馆常见的虹吸壶等各式各样的冲泡器具。由于器具不同，萃取出的咖啡味道也各不相同。

两种萃取原理

[透过式]

 热水流过咖啡粉的过程中萃取咖啡成分

这是将热水注入咖啡粉中，使其通过咖啡粉来萃取的方法。由于是在水流通过的过程中完成萃取，所以味道会因通过方式不同而发生变化，因此对技术有一定的要求。

[浸渍式]

 咖啡粉浸泡在热水中来萃取咖啡成分

这是用热水浸泡咖啡粉来萃取的方法。由于只是等待咖啡成分在热水中释放，所以不需要任何技术。咖啡的味道因水量和萃取时间不同而发生改变。

☕ **冲泡方法** 透…透过式 浸…浸渍式

手冲滴滤式咖啡

滤纸滴滤式咖啡（纸）→ P90　　法兰绒滴滤式咖啡（布）→ P110

梯形

无论是谁都可以冲泡出
稳定味道的咖啡

梅利塔 透　　卡利塔 透　　手冲咖啡滤杯 透
→ P90　　　→ P94　　　（波浪形系列）
　　　　　　　　　　　　→ P98

圆锥形

通过热水量和萃取速度
来改变味道

HAPIO 透　　　　KŌNO 透
锥形滤杯　　　　→ P106
→ P102

其他冲泡方法

摩卡壶 浸
→ P128

通过直火
冲泡出意式浓
缩咖啡式风味

法压壶 French Press 浸
→ P124

用金属过
滤网萃取出咖
啡豆的甜味的
玻璃咖啡壶

虹吸壶 浸
→ P118

具有像实
验器具一样的
魅力

意式浓缩咖啡机
→ P142

用来冲泡
意式浓缩咖啡
的电动机器

小型冷泡式咖啡壶 浸
→ P135

将咖啡粉
浸泡在冷水中
进行萃取

咖啡机
→ P132

用来冲泡
咖啡的电动机
器

专栏

滤壶的材质可以改变味道？

滤壶的材质除了塑料以外还有金属、陶瓷、玻璃等。都说会由于材质的不同使味道
发生改变，但实际上并不会产生什么影响。然而，由于陶瓷材质的是手工制成的，会有
个体差异，因此在咖啡店等多半都会使用塑料材质的滤壶。由于设计有很大差别，所以
选择自己喜欢的就可以了。

手冲滴滤式咖啡的制作方法

徒手操作的手冲滴滤式咖啡，即使在家也可轻松完成。制作方法分为滤纸滴滤式和法兰绒滴滤式两种。一起来了解一下两种滴滤式咖啡的特征和冲泡方法吧。

制作清爽味咖啡
滤纸滴滤是主流

日本主流的滤纸滴滤式是将滤纸放入滤壶中，注入热水进行咖啡萃取的一种方式。由于滤纸吸收了咖啡的油脂和杂味，所以可以制作出清爽味道的咖啡。

另一种是使用一种叫法兰绒的布进行萃取的方法。与滤纸滴滤相比，咖啡味道更醇厚。

滤纸滴滤式所使用的滤杯中，带有称为肋拱的导流槽和萃取孔。厂家不同，肋拱的形状和萃取孔的数量也不同。这种差异也会产生味道上的差别。对于初学者，要在咖啡豆或粉的量及水温一定的基础上进行练习，掌握滴滤的方法。这时，如果有温度计和秤等计量工具是比较方便的。

滤杯的构造

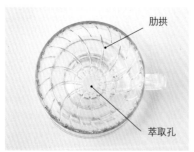

肋拱

萃取孔

☕ 适用于各种滴滤咖啡的冲泡方法要点

1 器具要统一

滤杯和马克杯等器具，由于制造厂商不同，会出现尺寸不相符的问题，所以要准备同一厂家的器具。特别是滤纸，必须与滤杯尺寸相匹配。

2 不能用开水冲泡

用开水冲泡咖啡，会损坏咖啡的风味。最好将水烧开后打开壶盖，冷却到90℃左右以后再冲泡滴滤式咖啡，这样就能打造出美味的咖啡。

3 加热器具

在制作滴滤式咖啡的时候，如果滤杯和马克杯是凉的，咖啡也会渐渐变凉。所以，有必要提前用热水润湿器具。把热水倒出之后，将滤杯擦拭干净，以免水分残留。

☕ 各滤杯的特点

滤杯的种类	滤杯的形状	萃取方法	萃取孔的数量	一杯咖啡所需咖啡粉量	咖啡的味道
【梅丽塔】 芳香型过滤器 AF–M1*2	梯形	透过式	1	8g	醇厚
【卡利塔】 咖啡滤杯	梯形	透过式	3	10g	清淡
【卡利塔】 （波式） 波浪式滤杯155	梯形	透过式	3	10g	清淡
【HARIO】 V60透过式滤杯01 清爽	圆锥形	透过式	1	12g	可以根据冲泡方法调整
【KŌNO】 名门两人用滤杯	圆锥形	透过式	1	12g	可以根据冲泡方法调整
【法兰绒】	顶端是尖的或者U形等	透过式	没有孔	12～15g	醇厚且柔和

为了冲泡美味的咖啡
而需准备的东西

在家中，为了冲泡美味的咖啡，除了滤壶以外还必须准备
如下这些器具，制作的咖啡味道绝对是专业级的。

1. 研磨机

一次最多研磨 30g 咖啡豆的简
约型电动研磨机。

选择的窍门

一天喝一杯咖啡
的话，手动研磨机就
足够了。一次冲几杯
或者一天喝很多杯的
话，用电动研磨机比
较方便。明确使用条
件后，更易于研磨。

和用固定滤杯来萃取
的滴滤方式相比，法兰
绒式的特色是需要用
手拿着滤布来萃取。
倒水时比移动手冲
壶更重要的是，要
像画圆一样移动法
兰绒滤布，这样就
能够稳定地注入热
水了。滤布太高会
不便于操作，滤布
置于马克杯口的位
置即可。

陶瓷材质的刀刃不
容易摩擦生热

浓郁的香味可以使美味倍增

研磨机就是用来研磨咖啡豆的。购买咖啡豆后，可以委托商家研磨成
粉，所以经常会认为，还有必要购入研磨机吗？其实研磨机才是最需要购
入的器具。

咖啡最关键的一点就是新鲜度。只有使用冲泡前才研磨的咖啡豆，才
会使咖啡的美味更上一层。

由于在家即可体验到各种咖啡豆的魅力，咖啡的世界也变得更加开阔。
研磨机分为手动研磨机和电动研磨机两种。最好选择符合自己实际状况的
研磨机。

2. 滴滤式咖啡壶

制作滴滤式咖啡的必要方法

制作手冲滴滤式咖啡时，要对准位置注入热水且控制热水量。用水壶很难操作，所以需要准备专用的滴滤式咖啡壶。滴滤式咖啡壶的注水口又细又长，且壶口弯曲。由于这样的构造，可以从距咖啡粉近的位置开始慢慢地注入热水。

选择的窍门

实际拿着确认重量，同时想象一下注入水时的状态，确定是否可以单手随意操作。购买大小符合平时冲泡咖啡人数的咖啡壶。

适合 IH 的
HARIO 细口壶

卡利塔的细口壶
受专业人士喜爱

3. 计量工具

HARIO 的滴滤刻度表示萃取量，定时器计时闷泡时间。

在一定条件下提高滴滤技术

咖啡的专业人士一定要使用的工具是温度计、测量计和定时器等测量器具。对于咖啡豆的数量、水温以及热水量，目测或者感觉的话，每次都会有偏差。如果把咖啡进行计量并冲泡成功后，下次就能照做了。

专栏

咖啡豆的储存方法

将咖啡豆放在可以密封的瓶子或者茶桶之类的容器中。为了避免太阳直晒，应放在阴暗处保存。如果是一次购买很多，也可放入密封容器中进行冷冻保存，这样的话，可以使咖啡豆保持 2 ~ 3 个月的新鲜度。由于咖啡豆不会冻结，所以不解冻也没关系。需要注意的是，最好在冲泡前将使用量的咖啡豆从冰箱中拿出，放置一会儿。

不同滤杯的冲泡方法

热水量的刻度

初学者也可以轻松掌握

梅丽塔

芳香过滤器

AF–M1*2

- 2 ~ 4 杯用量● AS 树脂制● 透过式● 孔洞数量 /1● 咖啡粉 /1 杯 8g

因为杯上附有表示水量的刻度，所以将热水注入此高度即可。

一个小孔

单孔过滤，孔的位置是在内侧偏高的地方，可以快速地冲泡出美味的咖啡。

起源于德国的世界上最早的滤纸式过滤器

德国的梅丽塔夫人曾说过"好想轻松地冲出美味的咖啡"，1908 年，她发明了咖啡滤泡法。

闷泡后，一次性注入萃取量的热水，之后只需要等待就可以冲泡完成。只有一个萃取孔的话，萃取速度较慢，且味道浓厚。这也是滤纸式过滤器的特点。打开底部细小的出水孔，萃取时香气的成分可以顺畅地通过，并且可以去除多余的杂味和油脂。无论是谁都可以冲出味道较稳定的咖啡，推荐给初学者。

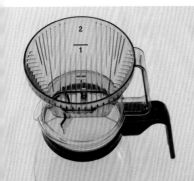

1　安装滤杯

　　在大小合适的杯子上安装滤杯。

要点

用事先准备好的热水润湿滤杯和树脂杯。

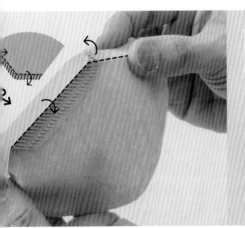

2　折叠滤纸

　　如图所示，把梯形滤纸侧面和底部的封边处彼此朝相反方向折叠。

要点

如果把滤纸折到放置咖啡粉的位置，就会平衡失调，所以只需折好封边的部分即可。

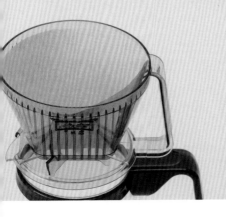

3　放入滤纸

　　将滤纸放入滤杯。

要点

用手反复轻压滤纸的折叠处，收纳效果更好。

4 加入咖啡粉

以每杯 8g 为基准，将需要杯数的咖啡粉倒入滤纸中。

5 拍平咖啡粉

用手轻轻摇晃或者拍打滤杯，使咖啡粉表面平整，水平放置的话，注水时不容易失误。

 请注意：太用力拍打不利于热水流过。

6 注入热水闷泡

从咖啡粉的中间注入热水。像画圆那样逐渐扩大范围，将热水均匀地浇在咖啡粉上。热水开始向下滴落后停止注水，闷泡 20~30 秒。

 尽量不要把热水倒在贴近滤纸处的咖啡粉和滤纸上。否则，会导致滴滤式咖啡制作失败，味道变淡。

慢慢地注水

一次性注入

7　一次性注满热水

　　根据冲泡杯数，将水一次性注入，到滤杯刻度线为止，由于是一次性注入热水而萃取的设计，所以无须再加水。

要点

用事先准备好的热水润湿滤杯和马克杯。

8　等待其达到所需量

　　耐心等待，直到马克杯中萃取到所需咖啡量。

9　移走滤杯

　　所需咖啡量萃取完成后，立刻移走滤杯。

要点

为了防止出现涩味和杂味，请在热水滴落干净之前移走滤杯。

Kalita
卡利塔
咖啡滤杯
102-D

- 2 ～ 4 杯用量 ●塑料材质 ●渗透式 ●孔洞数量 /3 ●咖啡粉 /1 杯 10g

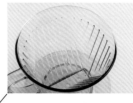

杯体内部的长导流槽是该滤杯的一大特点。这样，热水就能够直接滤过咖啡粉，萃取速度也会变快。

三孔设计

Kalita 采用独立三孔设计。孔数多，相应地提升萃取速度，这样就能够在出现杂味之前，充分萃取出咖啡的香味。

"の" 字形就是 Kalita 发明的三孔滤杯

Kalita 滤杯的构造特点是，三个孔洞并列于杯底。孔数会提升萃取速度，制作出的咖啡清爽好入口。

杯体内部的长导流槽也是一个非常重要的特点。在它的作用下，热水能够滤过咖啡粉直接落到托盘部位，这样就可以得到理想的萃取速度。

虽说人们已经熟知，在制作滴滤式咖啡时要一边倒热水一边画 "の" 字形这种做法，其实，这种做法是 Kalita 最先提出的。画 "の" 字形制作滴滤式咖啡，做出的咖啡口感顺滑，浓淡适中。

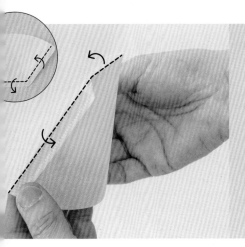

1 折好滤纸

像图片那样，把梯形滤纸侧面和底部的封边处彼此朝相反方向折叠。

要点

如果把滤纸折到放置咖啡粉的位置，就会平衡失调，所以只需折好封边的部分即可。

2 放置滤纸

将滤杯放在玻璃杯上，滤纸放进滤杯。

要点

提前用热水润湿玻璃杯和滤杯。

3 倒入咖啡粉

按 1 杯咖啡 10g 咖啡粉的量，把咖啡粉倒入滤纸中。

4 将咖啡粉拍平

轻轻晃动，拍打滤杯，将咖啡粉拍平。咖啡粉表层平整的话，倒热水时就不容易集中在一起了。

 太用力拍打不利于热水流过。

5 倒入热水闷泡

从中间开始像画"の"字形一样，慢慢地往杯中注入热水，直到没过咖啡粉。热水开始向下滴落后停止注水，闷泡20~30秒。

 尽量不要把热水倒在贴近滤纸处的咖啡粉和滤纸上。否则，会导致滴滤式咖啡制作失败，味道变淡。

热水的水柱尽量细一些

6 第一次注水

像画"の"字形一样，慢慢地注入水流较细的热水。热水的量大概是膨胀起来的咖啡粉的1.3倍。

要点

第一次滤泡是析出咖啡精华的一个关键操作。请慢慢地倒入水流较细的热水。

慢慢地注水

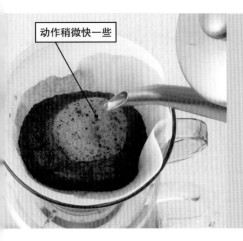

动作稍微快一些

7 第二次注水

第一次注入的热水量为一半的话，第二次则注满。动作最好比第一次稍微迅速些。

要点

一般来说，第一次注水之后能够析出主要的味道，第二次注水后会增加咖啡的醇度和浓度。

8 反复加水，直到完成

第三次注水后，根据所需量像画"の"字形一样反复注水。水流最好比第一、二次更快更大。

要点

一般来说，第一、二次萃取的咖啡精华在第三次滤泡之后会被适当地稀释。

9 移走滤杯

在萃取出所需咖啡量后，立即移走滤杯。

要点

为了不产生涩味和杂味，请在热水滴落干净之前移走滤杯。

不锈钢材质

采用热导率较高的不锈钢材质。与专用滤纸搭配使用，其构造不会使热水残留在咖啡粉表层不平处。

平底型 Kalita Wave

底部是平的，并且有 3 个滴水孔，杯身和波浪形的滤纸不会贴得太紧，这样温度更加一致，水流也更分散。

采用全新流线型设计！具有稳定性的沥杯！

Kalita 咖啡滤杯中波浪形系列（kalita wave）是比较新的产品。它为不锈钢材质，操作简单，并采用了平底型设计，底部的 3 个滴水孔呈三角形。与普通的 kalita 滤杯一样，能够迅速地萃取出咖啡精华。

专用的过滤纸也是平底型的，并且在侧面有 20 个与导流槽一样功效的褶皱。当制作滴滤式咖啡时，咖啡粉就会聚集在过滤纸的褶皱处，形成一道墙壁，这样一来就可以均匀地萃取咖啡了。另外，由于咖啡粉会自然地全部浸泡在热水中，所以与咖啡冲泡技术无关，即便是初学者也很容易上手。

1　放置滤杯

　　将滤杯放到大小合适的玻璃杯上。

要点
最好提前用热水润湿滤杯和托盘。

2　放置滤纸

　　将滤纸放进滤杯。

3　倒入咖啡粉

　　按 1 杯 10g 的量向装有滤纸的滤杯中倒入咖啡粉。

4　将咖啡粉拍平

　　轻轻摇晃，拍打滤杯，将咖啡粉拍平。咖啡粉表层平整的话，倒热水时就不容易集中在一起了。

 请注意：太用力拍打不利于热水流过。

5　注入热水闷泡

　　从中间开始像画"の"字形一样，慢慢地往杯中注入热水，直到没过咖啡粉。热水开始向下滴落后停止注水，闷泡20~30秒。

 尽量不要把热水倒在贴近滤纸处的咖啡粉和滤纸上。否则，会导致滴滤式咖啡制作失败，味道变淡。

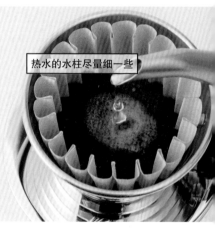

热水的水柱尽量细一些

6　第一次注水

　　像画"の"字形一样，慢慢地注入水流较细的热水。热水的量大概是膨胀起来的咖啡粉的1.3倍。

要点
第一次滤泡是析出咖啡精华的一个关键操作。请慢慢地倒入水流较细的热水。

慢慢地注水

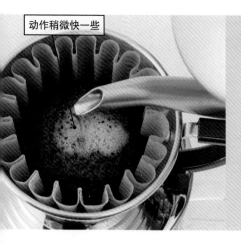

动作稍微快一些

7 第二次注水

第一次注入的热水量为一半的话，第二次则注满。动作最好比第一次稍微迅速些。

要点

一般来说，第一次注水之后能够析出主要的味道，第二次注水后会增加咖啡的醇度和浓度。

8 反复加水，直到完成

第三次注水后，根据所需量像画"の"字形一样反复注水。水流最好比第一、二次更快更大。

要点

一般来说，第一、二次萃取的咖啡精华在第三次滤泡之后会被适当地稀释。

9 移走滤杯

在萃取、冲泡出所需咖啡量后，立即移走滤杯。

要点

滴滤完咖啡后，咖啡粉中间处凹陷，集中在滤纸边缘处，这表明咖啡粉萃取不充分。

能够掌控咖啡味道的滤杯

HARIO 锥形滤杯

V60 渗透型滤杯 01 轻薄型
（容量 1 ~ 2 杯）

●容量 1 ~ 2 杯 ●塑料材质 ●渗透式 ●孔洞数量 /1 ●咖啡粉 /1 杯 12g

螺旋状的肋拱

由于使用了螺旋状的肋拱，热水可以轻松流过。

单一大孔

其设计上的特点是底部有一个大的过滤孔。由于是圆锥形设计，所以咖啡粉层会变深，能充分萃取出咖啡的香味。

根据不同的冲泡方法随意切换咖啡味道

　　试图使用滤纸就能萃取出咖啡的醇香浓厚，在这一理念下，设计出了 HARIO 锥形滤杯。和梯形相比，圆锥形设计能使咖啡粉层堆得更深，能更充分地萃取咖啡。

　　杯内的螺旋纹让空气可以从四周向上逸出，以最大限度满足咖啡粉的膨胀。由于只有一个大的过滤孔，水流通畅。如果提高水的流速，将会萃取不足，得到一杯风味较弱的咖啡。若缓慢加水，将得到一杯浓郁的咖啡。能够冲泡出自己想要的味道，这也是其最大的魅力。

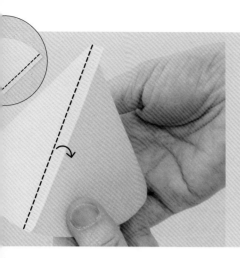

1 折好滤纸

沿着圆锥形滤纸侧面接缝处折叠滤纸。

要点

如果把滤纸折到放置咖啡粉的位置，就会平衡失调，所以只需折好封边的部分即可。

2 放置滤纸

将滤杯放在玻璃杯上，滤纸放进滤杯。

要点

用手反复轻压滤纸的折叠处，更容易收纳咖啡粉。

3 倒入咖啡粉

按 1 杯 12g 的量向滤纸中倒入咖啡粉。

4 将咖啡粉拍平

轻轻摇晃，拍打滤杯，轻轻晃动，拍打滤杯，将咖啡粉拍平。咖啡粉表层平整的话，倒热水时就不容易集中在一起了。

提示 太用力拍打不利于热水流过。

5 注入热水闷泡

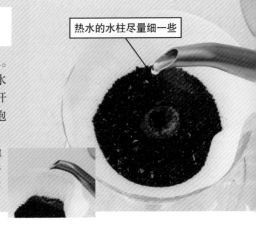

热水的水柱尽量细一些

从咖啡粉中心注入热水。然后慢慢地扩大范围，将热水均匀地浇在咖啡粉上。热水开始向下滴落后停止注水，闷泡20~30秒。

提示 尽量不要把热水倒在贴近滤纸处的咖啡粉和滤纸上。否则，会导致滴滤式咖啡制作失败，味道变淡。

6 第一次注水

注水方式可改变咖啡味道

从中心开始，呈螺旋状注水。注水量大概是膨胀起来的咖啡粉的1.3倍。

要点

水流小而慢，味道浓郁。相反，水流大而快，味道清淡。可根据个人喜好进行调整。

动作稍微快一些

7　第二次注水

　　第一次注入的热水量为一半的话，第二次则注满，动作最好比第一次稍微迅速些。

要点

一般来说，第一次注水之后能够析出主要的味道，第二次注水后会增加咖啡的醇度和浓度。

8　反复加水直到完成

　　第三次注水后，根据所需量反复注水。水流最好比第一、二次更快更大。

要点

一般来说，第一、二次萃取的咖啡精华在第三次滤泡之后会被适当地稀释。

9　移走滤杯

　　在萃取、冲泡出所需咖啡量后，立即移走滤杯。

要点

为了不产生涩味和杂味，请在热水滴落干净之前移走滤杯。

圆锥形滤杯的鼻祖

KŌNO

名门系列 2 人份滤杯

●容量 2 杯 ●丙烯树脂材质 ●渗透式 ●孔洞数量 /1 ●咖啡粉 /1 杯 12g

在滤杯的下部加入了短肋骨。这款是从第一代样品改良而来的，目的就是为了让外行也能够轻松使用。

单一大孔

在杯底有一个较大的滤水孔。由于采用了渗透式设计，所以能够萃取出最接近法兰绒咖啡的口味。

就连行家也爱不释手! 老字号所制的滤杯

Coffee Syphon 是一家制造咖啡器具的名门公司，其第一代社长也称得上是虹吸式咖啡壶的开山鼻祖。第一代 "名门滤壶" 诞生于 1973 年。

名门系列产品可以说是圆锥形滤杯的鼻祖。它兼备了使用过滤纸制作滴滤式咖啡的简便性以及可轻松冲泡法兰绒咖啡，所以深受行家们的喜爱。其底部的单一大孔，滤杯高度三分之一的短肋骨，都是为了让外行也能够轻松冲泡咖啡的设计。由于注水方式为点滴法，所以提取出的咖啡不仅闻起来香甜，味道也醇香浓厚。

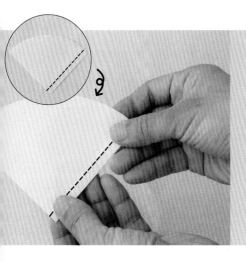

1 折叠滤纸

沿着圆锥形滤纸侧面的封边处进行折叠，顶端也要折叠。

2 放置滤纸

将滤杯放在玻璃杯上，滤纸放进滤杯。

要点

提前用热水润湿滤杯和玻璃杯。

3 倒入咖啡粉

按 1 杯 12g 的量向装有滤纸的滤杯中倒入咖啡粉。

4　将咖啡粉拍平

轻轻摇晃，拍打滤杯，将咖啡粉拍平。

提示　太用力的话，颗粒较细小的咖啡粉就会落到下面去，萃取时可能会造成堵塞。

5　注入热水

从中心处慢慢地一滴一滴注入热水。大概 30 秒后，液体开始向下滴落。

要点
由于中心处是咖啡粉层堆积最厚的地方，因此对准这里注水的话能够充分萃取出咖啡的精华。

6　扩大注水的范围

当萃取液能够覆盖整个玻璃杯底时，注水范围逐渐扩大至一元硬币大小。此时的水流可稍大些。

要点
咖啡粉吸水后会排放二氧化碳，中间部位会慢慢膨胀并出现泡沫。要继续注水，以便保持住这些泡沫。

7 持续注水至萃取量达到三分之二

　　为了保持住泡沫，要一点点增加注水量。

要点

如果出现了白色泡沫就说明产生了涩味和杂味。为了液体不滴落到托盘上，要使肋骨上方一直保持住泡沫。

8 向滤杯中注满水

　　当萃取量达到三分之二左右时，加大注水量，直至加满。

要点

当萃取量为三分之一时，已经基本析出咖啡的精华。为了不产生涩味和杂味，要逐渐增加注水量，直至加满。

9 移走滤杯

　　在萃取出所需咖啡量后，立即移走滤杯

为了不产生涩味和杂味，要在滤杯盛满水的状态下移走滤杯。

法兰绒滤布

●渗透式● 咖啡粉 /1 杯 12 ~ 15g

布料两面的质感不同

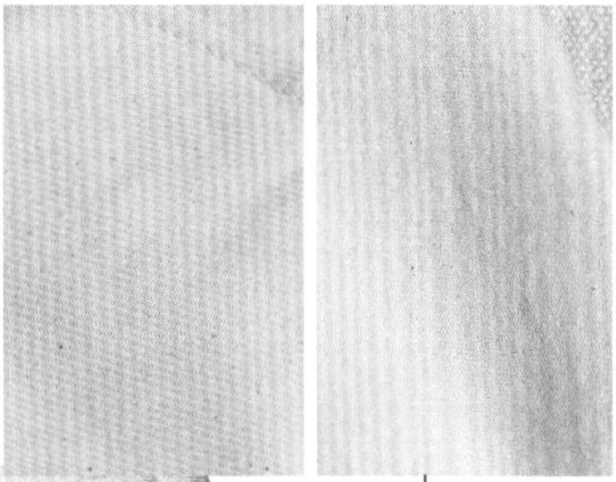

法兰绒两面的质感是不同的。一面起毛（左侧照片），另一面不起毛（右侧照片）。不管使用哪一面都不会影响咖啡的味道。

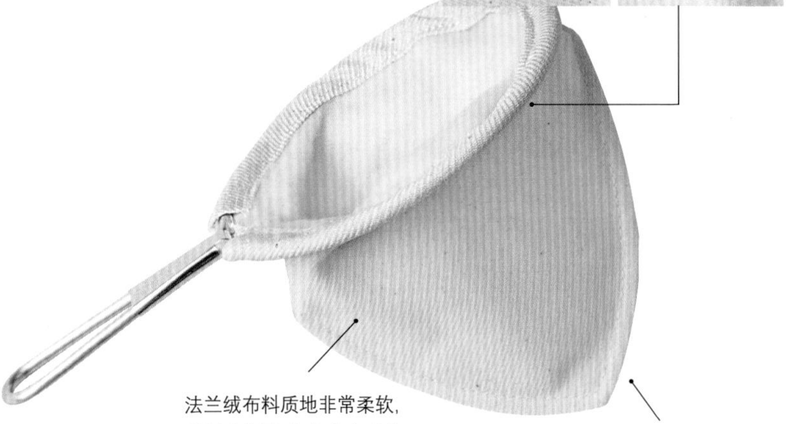

法兰绒布料质地非常柔软，所以在制作滴滤式咖啡的过程中，倒入热水后全部的咖啡粉都会膨胀起来。

顶端部位呈尖尖的 V 形。

越用越顺手、具有匠人风格的法兰绒滴滤式咖啡

咖啡爱好者强力推荐的是法兰绒滴滤式。虽然萃取步骤与滤纸滴滤式相似，但是相比之下法兰绒布料的网眼更大，能够轻松萃取出各种不同的成分。再加上热水过滤的时间也变慢，所以能萃取出浓厚的咖啡味道。萃取出的咖啡不仅口感温和，香味也十分香醇。

使用滤纸制作滴滤式咖啡时滤杯的位置是固定的，然而使用法兰绒滤布制作时，要用手拿着滤布来沏咖啡，所以说如何移动法兰绒滤布也很重要。倒热水时固定好壶身，然后移动法兰绒滤布就能沏出香甜的咖啡。萃取时水温 85 ~ 92℃最佳。

☕ 新法兰绒滤布的使用方法

　　全新未使用过的法兰绒上面会沾有粉浆和漂白剂，所以要用热水煮沸将它们去除之后再使用。浸泡法兰绒的热水沸腾后，将少量咖啡粉或者咖啡一起倒进去。这样一来法兰绒就能充分与咖啡交融，滴滤更容易。要是一天沏 2~3 杯咖啡，那么使用 1~2 个月就需要换一次法兰绒滤布。

☕ 法兰绒滤布的保存方法

　　萃取过咖啡后的法兰绒上面会沾有残余的咖啡粉末，所以要用水冲洗干净。然后将其放进灌满水的容器里，再放入冰箱保存。请不要放置于干燥的环境中。

错误 法兰绒不适应干燥的环境，所以切记不要在阳光下或风中晾晒。一旦暴露于干燥环境中，法兰绒就会变黑。

☕ 新法兰绒滤布的使用技巧

　　和固定滤杯来萃取的滴滤方式相比，法兰绒式的特色是需要用手拿着滤布来萃取。倒水时比移动手冲壶更重要的是，要像画圆一样移动法兰绒滤布，这样就能够稳定地注入热水了。滤布太高会不便于操作，滤布置于马克杯口的位置即可。

专栏

改造手冲壶！

　　法兰绒滴滤式需要高超的滴滤技术。为了能轻松控制热水量，可以用锤子等工具敲打手冲壶注水口使其变细。想要更进一步达到专业水准的朋友们可以试试这种方法。

1 吸取法兰绒滤布的水分

夹在干毛巾中吸除水分，直到不再滴水。

 提示 如果不擦干的话，萃取出的咖啡味道会很淡。

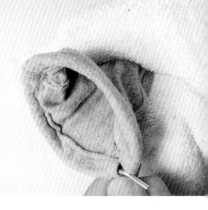

2 倒入咖啡粉

以一杯 12~15g 的量向杯中倒入颗粒较粗的咖啡粉。

3 把咖啡粉表面弄匀

用小木片轻轻搅拌咖啡粉，使其均匀平整。

用小木片轻轻搅拌

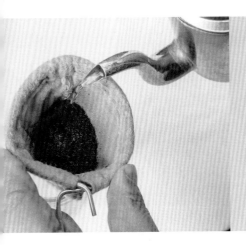

4 倒入热水闷泡

对着咖啡粉中心注入热水，慢慢地扩大范围直到没过咖啡粉。热水向下滴落时停止注水，闷泡 15~25 秒。

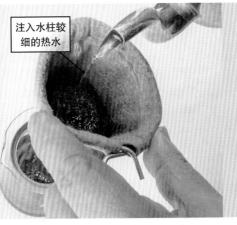

注入水柱较细的热水

5 像画"の"字形 一样注入热水

要保持稳定的速度，像画"の"字形一样慢慢地注入热水，此时水柱较细。注意不是移动手冲壶，而是移动法兰绒滤布，这样才能均匀地注入热水。

要点

为了不使热水直接接触到过滤器，请尽量不要对着咖啡粉边缘注水。

6 达到萃取量后 移走法兰绒滤布

达到萃取量后移走法兰绒滤布，放置到容器中。洗掉法兰绒滤布上残留的咖啡粉后，将其放进装满水的容器中保存。

制作自己喜欢味道的咖啡
所使用的特殊表格

这是为制作滤纸滴滤式咖啡时提供参考的特殊表格。通过调整搭配各个要素，由此得到自己理想中的咖啡味道。

咖啡味道	咖啡豆种类	烘焙程度
容易被大众接受的标准味道	巴西	中烘焙
味道较淡且有酸味	埃塞俄比亚	浅烘焙
带有浓重的苦味	曼特宁	深烘焙
味道温和且浓厚	哥伦比亚	中烘焙
味道足够浓厚且后味清爽	危地马拉	深烘焙

咖啡豆种类

用于滴滤的咖啡品种和名称。

烘焙程度

所使用咖啡豆的烘焙程度。

研磨程度

咖啡粉的颗粒大小。标准是中~中细研磨。

咖啡粉量

咖啡粉量的大致标准。根据滤杯不同，所需要的咖啡粉量也不同，所用滤杯的标准定为普通。

水温

滴滤时的水温。一般在90℃左右。

萃取速度

滴滤时注水的方式。

研磨程度	咖啡粉量	水温	萃取速度
中等~中细	普通 （10g）	普通 （90℃）	普通
中细	普通 （10g）	低温 （85℃）	迅速
中细	较多	高温 （95℃）	缓慢
中细	普通 （10g）	低温 （85℃）	普通
中细	较多	高温 （95℃）	迅速

关于其他的冲泡方法

咖啡除了手冲滴滤式之外，还有各种各样的冲泡方法。接下来介绍一些广为流传的冲泡方法。根据生活方式和想要的咖啡味道区分使用的话，咖啡世界将会变得更加广阔。

丰富的萃取方法开拓出广阔的咖啡世界

现在已经了解了使用滤杯来萃取咖啡的手冲滴滤式咖啡的冲泡方法，不过除此之外还有很多萃取方法。萃取出的味道特点和使用的难易程度各不相同，给予使用者愉悦感这个设计理念也充满了魅力。可以根据生活方式和想要的咖啡味道，来区分使用各种器具。

法压式和冷泡法是初学者也能够轻松掌握的方法。使用法压壶制作咖啡非常简单，只要咖啡粉量和热水量没有出错就不用担心失败。而冷泡式咖啡的制作只要控制好时间和量就不会出大的差错。

稍微熟练一点的人可以选择虹吸法和加压法来制作咖啡。两种方法都在萃取装置上与滴滤式有着很大的不同，所以需要了解器具的特性才能熟练使用。虽然说操作简便会更轻松快乐，但这对那些爱好者也许是非常无趣的吧。

最近面向家庭操作简便的咖啡机也多了起来。这种咖啡机除了咖啡以外还能制作一些风味饮品，就算在家里也能享受咖啡馆的氛围。

各式冲泡方法

虹吸壶 p118

搭配烧瓶和酒精灯使用，从外观来看十分雅致，很受欢迎。烧瓶里的水沸腾后，利用高温快速地萃取出咖啡，这样冲泡的咖啡味道会十分香甜。

法压壶 p124

由于使用了金属过滤器，所以能充分地萃取出咖啡豆的油脂，也正因为这一点才得以尽情享受咖啡豆纯粹的味道。初学者也可以轻松使用法压壶。

摩卡壶 p128

在意大利作为家用的萃取器具十分受欢迎。直接用火烘烤，能够得到和意式浓缩咖啡相近的味道。不过在使用上稍微需要一些窍门，是适用于中高级使用者的器具。

咖啡机 p132

在家里也能轻松享受纯正咖啡的电动咖啡机。与滴滤式咖啡一样的萃取方式，并且萃取容器还采用了胶囊形状的导弹式设计。

冷泡壶 p135

将咖啡粉浸泡在冷水里，经过一段时间后直接萃取。这样泡出的咖啡味道完美，十分浓郁。和专用的咖啡壶以及其他器具搭配使用，任何人都可以轻松享受美妙的咖啡。

冷萃式咖啡壶 p138

这是冰咖啡的一种沏泡方法。这种咖啡壶有两种使用方法。一种是在马克杯中放入冰块，之后的步骤和普通的滴滤式咖啡冲泡方法一样。另一种则是向装有冰块的玻璃杯里倒入萃取出的咖啡。

高温、快速萃取下产生的香气

虹吸壶

KŌNO 式虹吸咖啡壶
2 人用

●浸滤式 ●咖啡粉 /1 杯 12g

酒精灯
用来加热烧瓶里的
水。要准备虹吸壶
专用的酒精灯。

过滤器
需放置滤纸后使用。

滤纸
将滤纸放进过滤器后使用。

竹板
用来搅拌咖啡
粉和热水。

漏斗
萃取出的液体先进
入漏斗内，最后流
回烧瓶里。

烧瓶
烧瓶里的水沸腾后
萃取咖啡。

美妙的设计和如同化学实验一般的萃取过程

　　虹吸壶是从医疗用品中得到启发被发明出来的。像烧瓶和酒精灯这样
能让人联想到化学实验的器具也能具备如同画作一般美丽的外观。

　　烧瓶里的水沸腾后会产生水蒸气，并且会在瓶中膨胀起来。沸腾了的
水会流向上方的漏斗，与咖啡粉充分混合。一旦停止加热，烧瓶里的水蒸
气就会遇冷收缩，萃取液一下子又回到烧瓶中。

　　在高温状态下迅速萃取出的咖啡，其香味会更加浓郁。

1 放置滤纸

将虹吸壶专用滤纸插进过滤器中。

左侧图片为插入滤纸前的状态。

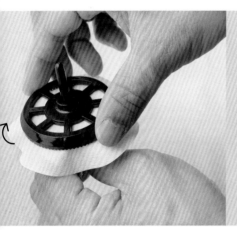

2 转动并固定好用具

为了插入过滤纸，来回转动并固定好过滤用的器具。

提示 为了之后能充分接触到热水，不要太使劲扭过滤器，轻轻地固定一下就可以，不然最后过滤器会很难取下。

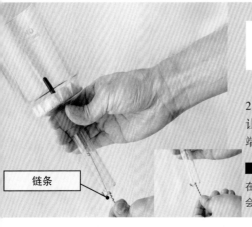

链条

3 向漏斗底部放入过滤装置

把安装好的过滤器（步骤2）装入漏斗中，直接插到底部。让链条穿过漏斗的滴管，使尾端的小钩子扣住管口。

要点

在链条的作用下可避免突发的沸腾。它会导致热水涌出，非常危险。

第二章 PART2 使冲泡方法达到极致

4 倒入咖啡粉

向漏斗里倒入咖啡粉。

5 晃平咖啡粉

轻轻摇晃漏斗，使咖啡粉表面平整。

6 向烧瓶倒入热水进行加热

烧瓶里倒入热水。点燃酒精灯，将其放到烧瓶下方进行加热。

要点

加入热水，加速咖啡萃取的过程。另外，在点燃酒精灯之前需要擦拭烧瓶整个瓶身。如果瓶身是湿的，水滴接触到火焰后玻璃瓶可能炸裂。

安装漏斗

7　出现气泡后插入漏斗

　　在链条附近开始出现气泡后，再将漏斗牢牢地插入烧瓶中，安装好。

8　等待热水上涨

　　等待热水上涨到漏斗中。

萃取原理①

因为烧瓶里的水蒸气受热膨胀，所以会推动里面的热水向上移动。

拂去表面的咖啡粉

9　沉淀咖啡粉

　　当水面到达一定的高度后，用竹板轻轻地拨动浮在表面上的咖啡粉使其溶解于水中。

要点

为了不使容器处于干烧状态，烧瓶中会留下少许热水。

10 拨动咖啡粉

为了不使咖啡粉结块，用小竹板左右拨动咖啡粉。

 提示 在这个阶段，不能用小竹板画圈式搅拌。

11 搅拌

用竹板搅拌，液体、咖啡粉和泡沫会分成 3 层。泡沫的部分会带有涩味和杂味。

要点

为了不使咖啡粉失去原有的风味，尽量不要搅拌太长时间。

12 等待大约 1 分钟

液体、咖啡粉和泡沫分成 3 层后，如果是两杯的量，保持这个状态等待 1 分钟左右就可以了。

要点

30 秒过后如果看到出现大的气泡，要用竹板轻轻地搅拌一下。气泡会妨碍萃取，使咖啡变淡。

泡沫
咖啡粉
液体

13 移走酒精灯

移走酒精灯，把火灭掉，然后等待液体滴落。

萃取原理②

移走酒精灯后温度会下降，烧瓶里受热膨胀的水蒸气会立刻收缩。

14 液体的转移

细小的黄色泡沫出现后，液体立刻会被吸到烧瓶里。

萃取原理③

气压降低会导致漏斗里的萃取液一下子落到烧瓶里。咖啡粉会残留在漏斗和烧瓶之间的过滤器里。

15 完成

全部萃取后即大功告成。

要点

与滤纸滴滤式咖啡一样，如果萃取完整的话，步骤 12 中最上层的泡沫不会落到烧瓶里，会被完整地保留在漏斗中。

法压壶（French Press）

丹麦波顿（bodum）公司的法压壶
（0.35L）

●沉浸式●咖啡粉 /0.35 升大约 17.7g

压杆

压杆上带有金属滤网。最
好选用不能通过滤网的中
粗研磨的咖啡豆。

法压壶的外表，
新颖时尚

杯体
法压壶的主体

初使者也能很快上手的简单沏泡方法

　　法压壶源于法国，在欧洲受到热烈追捧。只需使用"一提一放"的简单手法，任何人都可冲泡出味道上无差别的咖啡。即便是新手也可以很快入门，这也是这款咖啡机的魅力之一。

　　它所使用的金属滤网，与传统的纸质滤网有很大不同。它可以充分萃取出咖啡豆中的油脂（咖啡油），咖啡豆的成分被直接分离，所以对于特制咖啡来说这是很重要的一点。

　　由于咖啡油中含有大量的可以释放咖啡香味的物质，因此使用这款咖啡机可以冲泡出一杯香浓美味的咖啡。

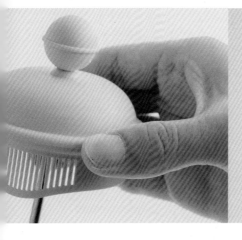

1 取出压杆

一只手握住壶体，另一只手用力向上提起，取出压杆。

2 放入咖啡粉

放入中等颗粒的咖啡粉17.5g。

要点

如果咖啡粉过细的话，冲出的咖啡就会呈黏稠状，所以一定要放颗粒适中的咖啡粉。

3 摇平咖啡粉

用手轻轻摇晃咖啡壶，直至咖啡粉在壶底平整铺开。

4 准备秒表，设置时间

把时间设置为 4 分钟。

5 注入三分之一的热水

开启秒表，并让热水均匀地冲在咖啡粉的上面。

要点

一只手握住咖啡壶，一边倾斜咖啡壶，一边轻轻摇动，使热水能充分地浸泡咖啡粉。

6 闷泡

闷泡 30 秒，咖啡粉被充分地冲泡开。

7 继续添加热水

　　30秒之后，为了不破坏咖啡粉的表层，沿着咖啡壶的内壁继续注入热水，水量至280毫升左右。

要点

如果从正上方直接注水，咖啡粉会飞散，最好沿咖啡机的内壁注水。

8 盖上盖子，插上压杆

　　注入热水之后，盖好盖子。

萃取原理①

由于烧瓶里的水蒸气受热膨胀，所以会推动里面的热水向上移动。

9 按下压杆

　　4分钟之后，慢慢按下压杆。

提示　如果用力按下压杆，咖啡粉就会随着萃取出的液体飞溅出来，所以要格外注意。

意式浓缩风味

摩卡壶
（BIALETTI BTIKKA 2CUP）

● 浸泡式 ● 咖啡粉 /2 杯 18g

特殊加压阀

虽然摩卡壶有很多种类，但是 BIALETTI 公司（意大利）生产的摩卡壶机采用了特殊的加压阀（图片画圈处），从而可以煮出口感更加醇厚的咖啡。

金属过滤网

由于该金属过滤网的过滤口很小，因此极易被咖啡粉堵住。使用后一定要及时清理。若清洗时使用了洗涤剂，为了防止洗涤剂的味道影响咖啡的香味，请用水仔细冲洗。

意式直火式咖啡的冲煮法

在意式浓缩咖啡的发源地意大利，摩卡壶作为家用冲泡咖啡的工具备受欢迎。下壶盛放热水，在灶火上加热之后产生蒸汽。热水沸腾挥发的蒸汽，通过气压把热水从下壶中经过咖啡粉过滤出香浓的咖啡留在壶中。需要一定的技巧来通过声音掌握关火的时机，这对于新手来说有一些难度。

使用摩卡壶冲煮出的咖啡称为摩卡咖啡，其特征是具有与意式浓缩咖啡相近的浓郁的口味。在上层也可见咖啡沫（p141）。

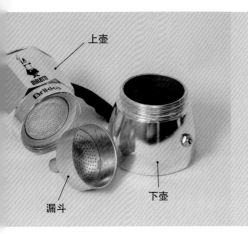

上壶

漏斗

下壶

1　拆开机械部件

　　整款咖啡机是由上半部分的上壶和用来盛装咖啡粉的漏斗，以及下半部分的下壶组成。

2　注入热水

　　向下壶注入热水至内壁刻线处。两杯约用水 80 毫升。

要点

冲泡过程会使咖啡粉丧失原有的风味，所以要加入热水而不是凉水，从而达到缩短时间的目的。冲泡的时间越短，咖啡就会越新鲜且浓郁。

3　放置漏斗

　　把漏斗放置在下壶上。

摩卡壶

4 放入咖啡粉

把咖啡粉放入漏斗。两杯咖啡约需 18g 咖啡粉。

5 铺平咖啡粉

平压咖啡粉

用勺子的背面轻轻按压咖啡粉，使咖啡粉保持平整。不要用力过猛，否则会适得其反。

要点

漏斗边沿处很容易沾上咖啡粉，有可能会影响冲泡咖啡，所以冲泡之前要擦掉沾在边沿上的咖啡粉。

6 安装上壶

把上壶拧紧，固定在漏斗上。

7 中火加热

　　把咖啡机放在炉子上，用中火加热。如果使用的三脚架过大，请在三脚架上放置一个铁网，起到固定的作用。

要点

如果火势过小，煮制会花费较长时间，这个时候，要注意咖啡粉的变化。

8 当发出咕噜声时，关火

　　当发出仿佛水会溅出的咕噜咕噜的声音时，上壶中已经出现萃取液，此时立刻关火。

 若不关火，萃取出的咖啡会从上壶中喷出。加热时间过长，也会使咖啡丧失原本浓郁的口感。

9 萃取完成

　　当咖啡不再溢出时，就可享用了。

咖啡机

滴滤式

[特征]

- 味道就像手工制作的滴滤式咖啡，令人回味无穷。
- 咖啡豆（粉）及水量可以根据个人喜好进行调节。
- 可以一次冲泡两杯以上的咖啡。

Melitta 公司的咖啡机
诺亚 S K T54

利用高温冲泡来释放咖啡豆自身独有的特性，从而冲泡出香气紊人的上乘咖啡。此款咖啡机以操作简便和拥有自动关闭系统来达到省电的目的，是一款重视日常使用体验的人气咖啡机。
/Melitta Japan

保温性能极好，不易冷却的不锈钢材质的真空双层构造，大口径，易清洗。

Melitta 式的单孔滤杯，能沥泡出美味香浓的咖啡。

释放咖啡豆美味的全自动滴滤式咖啡机

通过滤网来进行泡煮的滴滤式咖啡机。您只需要配置好水和咖啡粉的比例，这款咖啡机就会自动设定"水温""冲水速度""冲泡时间"，从而冲泡出就像手工制作的滴滤式咖啡一样的令人回味无穷的味道。这款咖啡机的魅力还在于可以调节水和咖啡粉的比例，改变咖啡的浓淡，做出适合个人喜好的咖啡。除了冲泡咖啡粉之外，由于自带磨豆器，也可使用咖啡豆来冲咖啡。

使用的滤网也多种多样。虽说现在纸质滤网是主流，但是也可使用金属滤网及筛眼滤网来冲煮咖啡，快来体验吧！

胶囊式

[特征]

- 可以在短时间内冲泡好一杯可口的咖啡。
- 胶囊内的咖啡粉都是密封的，我们可以保证在冲泡的一瞬间胶囊内的咖啡粉都处于新鲜的状态，口感和味道都很上乘。
- 整个冲泡过程及整理收拾都很轻松。

> UCC 滴落壶
> # DP2

因为自带盛放咖啡粉的过滤网，所以即使是利用手头现有的咖啡粉也可以直接冲泡。分3步注入热水，可以完美再现手磨咖啡的风味。/UCC 上岛咖啡

胶囊内上半部分留有一定的空间，可以充分闷泡。

可以随时品尝到最初的风味

是一种利用水和专业胶囊来冲泡的胶囊式咖啡机。胶囊内保存的咖啡粉是真空包装，每次一杯的分量，所以不论何时都可以享受到最初的咖啡香气与口感。无须计量咖啡粉及研磨咖啡豆，只需在最后扔掉空的胶囊即可。咖啡粉不会到处飞散，整个冲泡过程非常轻松，这也是这款咖啡机受欢迎的原因之一。

各个公司利用胶囊的方式不同。根据机器的不同，可以冲泡出抹茶拿铁和红茶等各式饮品，选择一款适合自己口味的咖啡机吧。

美味冰咖啡的做法

下面介绍两种代表性的冰咖啡的冲泡方法，掌握一下美味可口的诀窍吧！

冰咖啡的冲泡方法为冷泡式和急冷式

在非常炎热的时候最想喝一杯冰咖啡。和热水相比，冰很难释放咖啡的香味，所以，用制作热咖啡的手法来调制冷咖啡，不足以让它的香味释放出来。接下来，一起掌握一下冰咖啡的做法吧！

冲泡方法分为冷泡式和急冷式两种。冷泡式就是把咖啡粉长时间浸泡在水里的做法，口感清爽柔和。急冷式就是在玻璃壶中放入足量的冰，与热咖啡做法一样进行滴落。根据放入的冰的多少，冲泡出的咖啡量也会有所不同。因此，只有在多次尝试后才能掌握制作技巧。

☕ 冲泡美味冰咖啡的关键步骤

1 调制一杯偏浓的咖啡

因为加入冰块之后咖啡会被稀释，所以要加入比平常的滴滤式咖啡多一些的咖啡粉。

2 焙煎火候要适中

温度过低容易产生酸味。使用深烘焙咖啡豆产生的苦味更容易使味道调和。

3 用干净的水做成冰块

冰块融化后会与咖啡融为一体，所以在家里泡咖啡的时候要使用干净的水。

冷泡式的冲泡方法

　　使用冷水滤泡的咖啡又被称为冰滴咖啡或冰咖啡。此款咖啡起源于印度尼西亚，是将细细研磨好的咖啡粉倒入中冷水静置一晚后加入牛奶饮用，这样就可以掩盖有强烈苦味的罗布斯塔种咖啡豆的缺点。冷泡式最简便的冲泡方法是使用带有过滤器的壶。在过滤器中放入咖啡粉后，倒入饮用水，静静放置一晚即可。

　　因为是用冷水慢慢浸泡的咖啡，口感滑润柔和，可以品尝到更少苦涩味、更浓香的咖啡。

冷泡式咖啡的冲泡技巧

1. 中细研磨程度

　　因为要在滤网中放入咖啡粉，如果滤网过细的话，会有细小的咖啡粉漏出，冲泡出的咖啡会有一种粉质的口感。相反，如果滤网过粗，释放不出咖啡的香味。

2. 不要一直放置咖啡粉

　　虽说需要 8 小时来进行萃取，但是，萃取后还将咖啡粉一直放置在过滤器中，就会产生刺激性味道或者是杂味，影响咖啡口感。

细筛网的过滤器，可以把咖啡粉中的成分充分地释放出来。

小型冷泡式咖啡壶（5 杯专用）容量 600mL

壶壁上带有刻度线，使冲泡更加方便。

1　放入咖啡粉

　　把指定量的中细研磨咖啡粉放入过滤器中。如果是这个容器的话，5 杯咖啡所需的咖啡粉大约需要 50 克。

要点

要选用中细研磨咖啡粉。粗研磨，很难萃取出其中的成分；细研磨，冲出的咖啡会有粉质的口感。

2　倒入冷水

　　为了让咖啡粉被全部浸湿，需要少量多次地注水。加入的水量，5 杯咖啡大约需 650 毫升水。

要点

为了让咖啡粉和水融合在一起，在加入冷水之后需要用勺子等轻轻地搅拌。

3　放置 8 小时左右

　　盖上盖子，放进冰箱冷藏 8 小时左右。

要点

可以根据个人喜好来调整冷藏时间。喜欢清爽的口感，可以缩短冷藏时间；喜欢相对苦一点，可以延长冷藏时间。

4 移走过滤网

经过一段时间之后，就可以移走过滤器，尽情享用。

错误 咖啡粉一直放置在过滤器中，会使冲泡出的咖啡产生刺激性气味或者是其他的杂味。

专栏

传统冰咖啡的制作方法【点滴法】

在日本，从很早开始，咖啡店内的冷泡式咖啡（也叫 Dutch coffee）就非常受欢迎。以前都是使用像沙漏形状的滴滤式常温专用萃取器具来冲泡。50 岁以上的人，大概都在咖啡店里见过或者喝过这种冰咖啡。同时，这也是过去的日本咖啡店里不可或缺的一道风景。

最近，不知是否是受到了咖啡热潮的影响，家庭用的点滴式常温萃取器具陆续登场。图中的咖啡壶是一款外形漂亮，受人喜爱的冰滴咖啡壶。冷水一滴一滴地透过咖啡粉，经过一晚上的萃取，可以得到一杯清爽淡雅的咖啡。

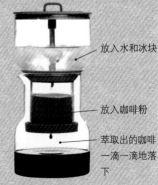

放入水和冰块

放入咖啡粉

萃取出的咖啡一滴一滴地落下

实现在家即可轻松做出滴滤式咖啡的 bruer 咖啡壶。操作简单，外观简洁大方。

急冷式的冲泡方法

急冷式就是把冰放入咖啡中进行滴滤，使滴滤的咖啡快速冷却。和冷泡式相比，它是可以在短时间内完成的，用于想马上喝一杯冰咖啡时的方便做法。

使用急冷式进行冲泡时，用冰块使咖啡冷却，所以马克杯中尽可能放满冰块。如果咖啡不是一下子冷却，口感会变薄。马克杯中装满冰块，自然撞击冰块的同时进行萃取，萃取液能迅速冷却。

需要注意的是观察萃取量。冰渐渐融化，会使容量增加，所以要时刻注意着马克杯内液体的多少。跟普通的滴滤方法一样，只需再往盛装萃取液的玻璃壶中加入足量的冰块即可。

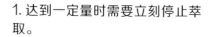

冲泡美味急冷式咖啡的小技巧

1. 达到一定量时需要立刻停止萃取。

由于冰会融化，所以当达到一定量时，要立刻转移到其他容器中。

2. 要比制作热咖啡多 20% 的咖啡豆。

因为冰块融化，会使咖啡的口感变薄，所以制作冰咖啡时至少要放比制作热咖啡多 20% 的咖啡豆，使萃取出的咖啡口感浓一些。

还有一个方法，就是进行与普通热咖啡同样的滴滤后，连同马克杯一起浸在装有冰水的大碗中使其冷却。

1 在马克杯内放置 足量的冰块

在马克杯内放满冰块。在上面放上配套的滤杯，放置滤纸，倒入咖啡粉，并使其表面平整。

要点

随着冰块融化，咖啡的口感会变得稀薄。所以咖啡豆的用量应比制作热咖啡时多20%。

2 和热咖啡一样 进行滴滤

与制作热咖啡一样进行滴滤。温热的萃取液直接撞击冰块，冰块会慢慢融化，所以要时刻注意马克杯内的情况。

要点

由于冰块融化，会萃取出平时几倍的咖啡量。比如，冲泡1杯咖啡，就会萃取出2杯的咖啡原液。

3 当达到一定量时，立刻转移到其他容器中

当达到萃取量时，取下滤杯，马上转移到别的容器中。要注意，如果一直放着不管，冰块融化会使咖啡的口感变得稀薄。

要点

还有急冷式方法，就是不把冰放在马克杯里，像通常那样滴滤之后，直接注入放着冰块的咖啡杯中。

关于意式浓缩咖啡

使用专门的机器，在高压下瞬间萃取出来的浓缩咖啡。在意大利，咖啡即浓缩咖啡被人们所喜爱，同时还用于花式咖啡的基底。一起了解一下意式浓缩咖啡的特点及冲泡方法吧。

☕ 意式浓缩咖啡

将咖啡豆磨得极细，使用专门的机器，设定大约 9Pa 的气压值，最后就可以得到大约 30mL 的咖啡。所谓的意式浓缩咖啡指的并不是其味道，而是它的制作手法。这是意大利的一款经典饮品，随着美国西雅图系咖啡连锁店的普及，还衍生出了很多加工饮品。

利用瞬间的高压，萃取浓缩了的咖啡精华

据说浓缩咖啡是 100 年前在意大利诞生的。在意大利，说起咖啡一般指的就是意式浓缩咖啡。在意大利的街头，惬意地享受一杯浓缩咖啡，连时光都变得充实起来了。

意式浓缩咖啡其实是萃取方法的一种，使用专门的电动机器进行萃取。给研磨得极细的咖啡豆加压 9Pa，95℃左右时萃取。一般情况下都是设定的该温度和气压，如果比这个气压和温度高或者低的话，都会损坏咖啡原有的风味。因为是比较精细的一款饮品，所以想要冲泡得美味，是需要一定的技巧的，这对于专业人士来说也有一定的难度。

因为浓缩咖啡是萃取出浓缩了的咖啡精华，所以最好使用高品质的咖啡豆。使用酸味明显、风味独特的咖啡豆的话，更能体现出其味道的特征。

☕ 美味浓缩咖啡的冲泡要点

1. 使用新鲜咖啡豆

做浓缩咖啡时使用的咖啡粉是极细的，大部分是细粉状，所以很容易变质。与滴滤式咖啡一样，在冲泡之前要使咖啡豆保持新鲜的状态。

2. 合适的研磨程度

想要制作一杯上乘的浓缩咖啡，最重要的是选择适当研磨程度的咖啡豆。咖啡粉颗粒的不同，风味及香味也不同。大多数情况下家用研磨器无法研磨，所以需要用浓缩咖啡专用研磨器。

3. 20秒即可萃取完成

想要最大限度地提取出咖啡豆中所包含的精华的话，20秒左右就可以完成这个步骤。最理想的状态就是萃取的咖啡拥有像蜜蜂一样不会断流的浓缩状态。

茶色的泡沫层 = 咖啡泡沫
新鲜的浓缩咖啡的证明

一杯好的浓缩咖啡，特征是在其表面可以看到一层茶色的泡沫。这是从咖啡豆中溶解释放出来的碳酸气体聚集在咖啡表面的状态。咖啡泡沫越细、越小，咖啡就越上乘。这层咖啡泡沫可以持续地释放香味，把咖啡的口感变得更加醇厚柔和，是一杯上乘的浓缩咖啡必不可少的条件。

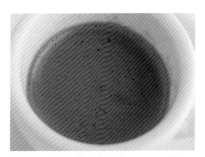

如果一杯咖啡的表面上出现 2~3mm 厚的咖啡泡沫，就说明这杯咖啡很新鲜。泡沫释放咖啡的香味，使咖啡的口感变得更加醇厚柔和。

专栏

浓缩咖啡机的选择方法

商场或网上商场均有出售家用浓缩咖啡机，最近还出现了手持便携式咖啡机，浓缩咖啡机的市场一直在不断进步发展着。现在市面上大多数的咖啡机价位合适，性能全面，在家即可操作。咖啡壶式咖啡粉更适合不想耗费太多精力又想享受冲泡咖啡过程的人。一杯量的咖啡粉被夯实后，进行加压，按此做法即可冲泡出一杯真正的意式浓缩咖啡。

便携式浓缩咖啡机（手持便携式）。可以轻松地制作出一杯浓缩咖啡。

意式浓缩咖啡的冲泡方法

轻松地做出真正的浓缩咖啡

德龙 De' Longhi

EC152J 浓缩咖啡 / 卡布奇诺咖啡机

操作面板
冲泡咖啡时操作此控制面板上的按钮。

蒸汽喷嘴
制作奶泡时使用。
(p168)

填压器
用来压实装入咖啡手柄里咖啡粉的工具。

咖啡手柄
取出后，在前面有个装咖啡的碗。

咖啡杯托盘
放置咖啡杯的地方。

在家即可轻松享受意式浓缩咖啡体验

在享受意式浓缩咖啡的乐趣时，不可缺少的就是一台好的浓缩咖啡机。如今家用咖啡机价格高低不等，根据价格的不同，发动机的动力和功能也不同，基本原理都是在咖啡机中放入饮用水和咖啡粉后进行加压萃取。咖啡粉研磨程度的差异、用粉量、停止萃取的时机都会带来味道的改变，多次使用后就可以抓住咖啡机的特性。掌握了意式浓缩咖啡的冲泡方法，还可以尝试以它作为基底的拿铁和摩卡咖啡的做法。

1 在机器中放入饮用水

打开浓缩咖啡机的上盖，倒入饮用水。

2 接入电源

接入意式浓缩咖啡机的电源。

3 放入咖啡粉

取出咖啡手柄，放入咖啡粉（一杯大约 13g，根据过滤器的大小略有不同）。

4 使咖啡粉平整

用手轻轻刮平放入咖啡手柄中的咖啡粉。

5 压粉

用附带的压粉器夯实咖啡粉（压粉）。有一些类型咖啡机可以取出压粉器。

要点

不倾斜压粉器，与咖啡手柄平行地固定上去，使咖啡表面平整。

6 把咖啡手柄放回咖啡机中

按下冲泡按钮，2~3 秒后会流出热水，这时把咖啡手柄固定到机器的出水口。

要点

把萃取前聚集在出水口处的热水扔掉，还可以起到预热器具的作用。

7 放置咖啡杯

放置接咖啡的咖啡杯。

8 萃取

按下萃取按钮进行萃取。萃取液的颜色会从浓渐渐变薄。

提示 如果萃取液断断续续不流畅，或者只从一个口流出咖啡，这都是没有充分萃取的现象。需要确认一下咖啡粉的研磨度和粉量，再试一次。

9 完成

咖啡黏性一消失，就再按一下按钮，停止萃取。

提示

有黏性的萃取液可以顺滑地落下，但是黏性一消失萃取液就开始轻微地晃动，一达到这种状态，就到了停止萃取的时机。

水、砂糖、牛奶与咖啡的关系

一杯咖啡中 99% 的成分是水。除此之外，还有可以和咖啡完美融合在一起的砂糖和牛奶。由于它们性质不同，也会对咖啡的味道产生影响。

巧妙地与其他食物结合，会增加咖啡的韵味！

除了咖啡豆、冲泡方法会对咖啡的味道产生影响以外，水、砂糖和牛奶这 3 种食物也会影响咖啡的味道。

水是咖啡的成分之一，是占咖啡含量 99% 的要素。水主要分成软水和硬水两大类。要是想像手冲咖啡一样，享受咖啡的原汁原味的话，最好使用软水；如果想要浓缩咖啡或强调深煎咖啡的味道，最好加入硬水。

另外，在品尝咖啡时，加入砂糖和牛奶会使味道变得更加香醇柔和，会给我们带来一种和原味咖啡几乎完全不同的味觉体验。如果想要充分释放出咖啡豆本来的香味，最好选用精炼度较高的绵白糖。动物脂肪含量越高的牛奶，越能增加咖啡的浓郁风味。

在饮用咖啡时尽可能第一口喝原味咖啡，享受一下咖啡带有的最原始的味道，之后再加入砂糖、牛奶等食物，它们会和咖啡本身带有的特性巧妙地结合在一起，从而产生一种圆润的美妙体验。

☕ 水和咖啡

硬水

硬水指的是镁和钙的含量高于 120mL/L 的水。海外大部分矿物质水都是硬水，有自己独特的口感。因为用硬水来冲泡咖啡的话会大大激发咖啡的苦香味，所以适合制作浓缩咖啡。

软水

软水指的是镁和钙的含量低于 100mL/L 的水。无异味，口感非常棒。软水并不影响咖啡的味道，所以在制作滴滤式咖啡时，推荐使用软水。

适合滴滤式咖啡的水是矿物质含量少的软水

水，根据含有的矿物质的多少分成软水和硬水两大类。一般来说，矿物质含量少的软水适合制作滴滤式咖啡，软水冲泡的咖啡口感圆润。

硬水中矿物质的成分较多，会与咖啡中的某些成分进行反应，从而放大咖啡的苦香味。所以，在冲泡像浓缩咖啡那种需要强调苦味的咖啡时最好选用硬水。另外，pH 也会对咖啡的口味产生影响。碱性水可对咖啡的酸味起到中和作用。

很大程度上，水决定了咖啡的风味。用各地有名的水来冲泡咖啡，进行对比，也是一种乐趣。

专栏

自来水可以泡咖啡吗？

如果自来水是软水，使用自来水来冲泡咖啡是没有问题的。如果不喜欢自来水中漂白粉的味道，可以煮沸或使用净水器。需要注意的是水的反复煮沸。已经冷却的水再次沸腾，会除去水中的氧，使用这种水，冲泡不出美味的咖啡。

☕ 砂糖和咖啡

白砂糖

颗粒细，容易融化。因为没有其他特殊气味，所以不会损害咖啡原有的风味。

上白糖

在日本最普遍的一种砂糖，和白砂糖相比，口感甜度较高且相对浓厚。

白双糖

因为纯度高，结晶颗粒大，所以融化较慢。可以随着时间的变化来享受咖啡甜度的变化。

三温糖（黄砂糖）

由于经过加热精加工，所以带有颜色，并有焦糖的口味。

黑糖

黑糖是由甘蔗汁煮干之后凝结而成的，富含矿物质和维生素，拥有自己独特的风味。

虽然砂糖有很多类型，但是想要达到"不破坏咖啡原有的风味"，推荐使用精制度比较高的砂糖。在砂糖之中，白砂糖和上白糖最适合。与此相反，对于精制度比较低的黑糖来说，它有着自身独特的风味，和体验咖啡原本的口味相比，更能享受到调制咖啡那与众不同的风味。

☕ 牛奶和咖啡

咖啡伴侣

咖啡伴侣使用的是植物性奶油而不是动物性奶油。也被叫作"coffee fresh"。

淡奶油（动物性奶油）

乳脂肪含油量要高于牛奶，醇香的口感更加强烈。乳脂肪含量越高，口感就越浓厚。

牛奶

经过低温杀菌的牛奶口感非常厚重，若不想改变咖啡的口味，最好使用全脂牛奶。

粉末状奶油

粉末状奶油便于保存、运输和携带。粉末状奶油分为植物性奶油和动物性奶油两种。

豆奶

豆奶中含有一种大豆本身的独特风味，在崇尚健康食品的人群中有很高的人气。

　　加入到咖啡中的牛奶，可分为动物性奶油和植物性奶油两大类。动物性奶油味道香醇，口感厚重。植物性奶油不油腻，较清新。

　　不同品牌的牛奶，乳脂肪含量略有差别。乳脂肪含量越高，口感越醇厚。如果有兴趣，可以选择不同品牌的牛奶，对比着来品尝一下。

别出心裁的咖啡冲泡方法

本章介绍了使用各种器具进行冲泡咖啡的方法。但咖啡是一种嗜好品，并非是"不用这种冲泡方法不行"。下面将要介绍几种与普通的不同、稍加改变的冲泡方法。

换言之，只要自己觉得好喝，任何方法都可以。这种不厌倦的探究心也许会开辟咖啡冲泡的新的历史篇章。

快速滴滤式咖啡

虽然很忙，但是也想喝杯咖啡

这是一种可以称作浸渍式滴滤咖啡的全新冲泡方法。通常是把咖啡粉放入滤杯中，再加入热水进行萃取。新的冲泡方法是事先就把咖啡粉和水混合在一起，然后通过滤杯来进行萃取。在做家务的间隙和繁忙的清晨，没有时间好好冲泡一杯咖啡的时候，这种冲泡方法最适合。

在杯子中放入咖啡粉和热水，充分搅拌。

充分搅拌后，把搅拌好的咖啡原液倒入滤杯中进行萃取。最好使用萃取速度较慢的滤杯。

萃取后注水稀释

闷泡 3 分钟！
萃取出浓稠的咖啡再稀释

这种冲泡方法，是萃取出少量的浓缩咖啡后，再加入热水稀释。为了萃取出醇厚浓郁的咖啡，闷泡时间从通常情况下的 20~30 秒，延长至 3 分钟。加入热水稀释并用勺子搅拌后再享用。

和通常的滴滤方法一样，把咖啡粉倒入滤杯中。注入热水，闷泡 3 分钟。之后会萃取出比平常量少的咖啡，然后用热水稀释后饮用。

巴厘岛风味咖啡

把咖啡粉和砂糖浸泡
在热水中

在广泛种植咖啡的印度尼西亚，每个岛都有不同的咖啡冲泡方法。其中比较有名的就是这款"巴厘岛风味咖啡"。用热水冲泡极细研磨的咖啡粉，等咖啡粉沉到杯底之后，只饮用上层。喜欢甜味的话，放入咖啡粉的同时加入砂糖就可以了。

在咖啡杯中放入一小勺极细咖啡粉（也可一起加入砂糖）。

注入一杯咖啡所需的热水量，用勺子进行搅拌，1 分钟之后，咖啡上层变清澈之后就可以享用了。

第三章

PART

3

挑战花式咖啡

如果会冲泡美味的咖啡，接下来挑战一下
花式咖啡吧。在家就能操作的咖啡菜单和拉花。

咖啡店般的 纯正的味道

从经典款到新生款咖啡

珍贵的制作食谱

在这里，介绍以咖啡或意式浓缩咖啡为基底的各种花式咖啡的制作方法。最基本做法是在咖啡或意式浓缩咖啡中加入牛奶。以咖啡为基底的牛奶咖啡，以意式浓缩咖啡为基底的摩卡、卡布奇诺、玛奇朵咖啡，在这些咖啡中，咖啡和牛奶的比例不同。除此之外，还将介绍一些新款咖啡的制作方法。比如咖啡中加入黄油或者水果，将日常的咖啡进行微调。

即使是同样的食谱，由于使用的咖啡豆种类、烘焙程度不同，味道也可能不同。最好多做一些尝试哦！

随着时代的变化，最近也出现了把咖啡和苏打水混合的流行趋势。咖啡真是有无限的可能性。

☕ 牛奶咖啡和拿铁的区别

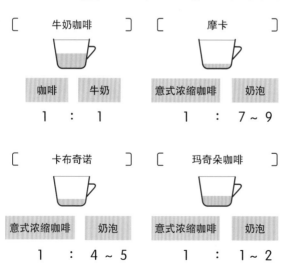

牛奶咖啡		
咖啡	牛奶	
1	:	1

摩卡		
意式浓缩咖啡	奶泡	
1	:	7~9

卡布奇诺		
意式浓缩咖啡	奶泡	
1	:	4~5

玛奇朵咖啡		
意式浓缩咖啡	奶泡	
1	:	1~2

在以咖啡和意式浓缩咖啡为基底的花式咖啡中，主要有以下4个种类，即牛奶咖啡、摩卡、卡布奇诺、玛奇朵咖啡。摩卡咖啡是在滴滤式咖啡中加入温热的牛奶。剩下的几种是在意式浓缩咖啡中倒入奶泡而制成的。各种原料的比例也会略有不同。

根据杯子的大小，比例也会有所变化。

牛奶咖啡

有着柔和口感，魅力十足的经典饮品。咖啡与牛奶按 1 ：1 比例混合。

建议用豆　▶　深度烘焙的苦味豆

【材料】（1 人份）

滴滤式咖啡（中研磨咖啡粉）、

牛奶 ……………………… 各100 ~ 150mL

【制作方法】

1 锅中加入牛奶，加热到不沸腾、温热的程度。

2 咖啡豆研磨成中等颗粒大小，制成咖啡粉。

3 在咖啡杯中加入等量的牛奶（步骤 1）和咖啡粉（步骤 2）。

拿铁咖啡

在意式浓缩咖啡中加入大量的牛奶，奶味较为厚重。

将勺背轻轻地在牛奶表面滑动，形成大理石花纹图案。

RECIPE 配方

建议用豆 ▶ 中度烘焙，香味浓郁的咖啡豆

【材料】（1人份）

意式浓缩咖啡 ⋯⋯⋯⋯⋯⋯⋯ 30mL

牛奶 ⋯⋯⋯⋯⋯⋯⋯⋯ 200 ~ 300mL

【制作方法】

1 冲煮意式浓缩咖啡。

2 制作奶泡。

3 把2倒入1中，完成后用勺背在牛奶表面轻轻滑动。

基础意式浓缩咖啡

卡布奇诺

细小的奶泡是其美味的关键。体验牛奶般顺滑的感觉。

 RECIPE 配方

建议用豆 ▶ 中度烘焙的带有果酸味的咖啡豆

【材料】（1人份）

意式浓咖啡 ·························· 30mL

牛奶 ·························· 120～150mL

【制作方法】

1 冲煮意式浓缩咖啡。

2 制作奶泡。

3 把2倒入1中，此时奶泡的厚度在
1cm以上即可。

维也纳咖啡

盖有大量鲜奶油的维也纳咖啡。

提起无尖角,
奶油不滴落。

RECIPE 配方

建议用豆 ▶ 深度烘焙的苦味豆

【材料】(1 人份)

咖啡粉 (中度研磨)..............150mL

粗砂糖.........................1~2小匙

A ┌ 淡奶油.....................50mL
  └ 细砂糖.......................5g

可可粉.............................适量

【制作方法】

1 在容器中加入 A。使用起泡器充分搅拌,打制成 7 分发的奶泡。

2 将咖啡豆进行中度研磨,冲泡成咖啡,倒入咖啡杯中。

3 把 1 挤在 2 上面,之后可撒上适量可可粉。

摩卡咖啡

让人无法抗拒的香甜巧克力酱！诱惑迷人的甜点般的饮品。

挤上 Z 形的巧克力酱，并用
牙签描绘出漂亮的图案。

建议用豆 ▶ 深度烘焙的苦味豆

【材料】(1 人份)

意式浓缩咖啡 ··············· 30mL

巧克力酱 ····················· 10mL

牛奶 ··························· 100mL

巧克力酱
(装饰用) ························ 5mL

【制作方法】

1 冲煮意式浓缩咖啡。

2 在 **1** 的杯中加入巧克力酱，用勺子搅拌。

3 制作奶泡。

4 把 **3** 倒入 **2** 的杯中。在上面挤上巧克力酱，并用牙签描绘图案。

玛奇朵咖啡

在欧洲颇受欢迎的玛奇朵咖啡。用小咖啡杯调制更具当地风味。

建议用豆 ▶ **深度烘焙的苦味豆**

【材料】（1人份）

意式浓缩咖啡、牛奶............ 各30mL

【制作方法】

1 冲泡意式浓缩咖啡。

2 制作奶泡。

3 把**2**倒入**1**中。

黄油咖啡

与黄油搭配更浓郁。

RECIPE 配方

建议用豆 ▶ 中度烘焙的柑橘风味酸味豆

【材料】(1人份)

滴滤式咖啡(中度研磨)..........180mL

细砂糖(或速溶砂糖)......2~2.5小匙

黄油(无盐)....................................1块

搅拌棒..1根

【制作方法】

1 将咖啡豆进行中度研磨,冲泡,倒入咖啡杯。

2 加入细砂糖,用勺子搅拌。

3 在 **2** 上倒上一层黄油,用搅拌棒一边搅拌一边喝。

意式浓缩苏打咖啡

使意式浓缩咖啡的苦味见小的碳酸咖啡。享受它的口感吧。

在冰浮出水面之前倒入。

RECIPE 配方

建议用豆 ▶ 深度烘焙的苦味豆

【材料】(1 人份)

意式浓缩咖啡 .... 60mL(2小杯)

A ┌ 苏打水 120mL
　 └ 糖浆 10mL

冰 .... 适量

【制作方法】

1 冲泡意式浓缩咖啡。

2 在玻璃杯里放入冰块，并倒入混合后的 **A**。

3 冰块浮出水面时，将意式浓缩咖啡倒入 **2** 中。

基础意式浓缩咖啡

鸡尾酒咖啡

既可享用到泡沫的口感，又有鸡尾酒风味的一款饮品。
盖着意式浓缩咖啡，颇具时尚感。

建议用豆 ▶ 深度烘焙的苦味豆

【材料】（1 人份）

意式浓缩咖啡 .... 60mL(两杯)

糖浆 .... 15~20mL

咖啡豆（装饰用）.........................少量

冰 ....适量

【制作方法】

1 冲煮意式浓缩咖啡。

2 将 1、糖浆、冰块放入调酒器中，摇晃至变凉。

3 完全冷却后放入玻璃杯中，完成后摆上咖啡豆。

分层咖啡

苦咖啡同甜牛奶的完美结合，绚丽的双层。

由于加入了砂糖、牛奶，
沉淀后，自然分成两层。

 RECIPE 配方

建议用豆 ▶ 中度或深度烘焙的苦味豆

【材料】(1 人份)

冰咖啡.......................................50 mL

A ┌ 牛奶....................................100 mL
　└ 糖浆....................................30 mL

【制作方法】

1 在玻璃杯中倒入 A，用勺子充分混合。

2 用小勺抵住杯壁，慢慢倒入冰咖啡，使牛奶和咖啡分层。

基础滴滤式咖啡

柑橘味苏打冰咖啡

把冰取出时，要拿稳。

RECIPE 配方

建议用豆 ▶ 中度烘焙的柑橘系酸味豆

【材料】(1 人份)

┌ 冰咖啡	120mL
A 糖浆	10mL
└ 苏打水	适量
橘子 (切成圆片)	2个
冰	适量

【制作方法】

1 在玻璃杯中加入冰，倒入 **A**，放入橘子。

2 为了不失去碳酸，前后轻轻搅动勺子使其混合（不要搅拌），然后用勺子把冰取出两次，轻轻搅动。

第三章 PART3 挑战花式咖啡

尝试下拉花吧！

拿铁上面经常描绘着心形、树叶形、小动物的脸图案。在咖啡馆看到这样的咖啡，任何人都会心情愉悦。制作这个需要一定的技术，但经过练习，在家也可以享受到这种乐趣。

掌握、享受
在咖啡上绘画的艺术

拉花是在拿铁和卡布奇诺表面绘画的艺术。一般来说，"拉花"是把细小的奶泡倒在咖啡表面描绘图案；"卡布奇诺拉花"是用雕花棒和勺子在咖啡表面描绘图案。

由于要利用意式浓缩咖啡的咖啡油脂和奶泡，所以冲泡一杯含有咖啡油脂的意式浓缩咖啡和打发泡沫细腻的奶泡是制作拉花的关键。

看咖啡达人熟练地描绘图案，似乎很简单，但即使是基础款的心形和树叶形图案也要经过一番练习。如果能展示自己这方面的能力，一定会让家人朋友们惊叹不已。

卡布奇诺上的图案

使用雕花棒蘸取奶油或奶泡，可以画画或写字。与拉花相比，卡布奇诺的图案更多样。

拉花

边用奶泡壶倒奶泡，边画心形或树叶形等图案的手法。重点是，动作要麻利。

使用工具

进行拉花时必不可少的工具

咖啡杯：

因为根据艺术图案的不同，适用的咖啡杯大小也不同，小（150mL 内径 7.5cm）、大（300mL 内径 9.5cm）咖啡杯各准备一个会比较方便。试着实际比较一下，选择容易操作的咖啡杯。

马克杯（奶泡壶）：

制作奶泡时使用的杯子。带有把手易于操作。一杯量选择 12 盎司（360mL），两杯量选择 20 盎司（60mL）的尺寸。

勺子：

往咖啡表面放奶泡时使用。不必使用专门的勺子，日常勺子即可。制作花式咖啡时也会用到。

雕花棒：

制作卡布奇诺拉花时，用于绘制图案和写字。没有的话，牙签也可。

漂亮的拉花离不开泡沫细腻的奶泡

拉花用的奶泡一般可用意式浓咖啡机附带的蒸汽棒制作。对奶泡来说最重要的是顺滑。牛奶表面富有光泽，肌理细腻，泡沫均布，这种状态是最令人满意的。为了达到这种状态，用蒸汽棒控制牛奶的温度，适度地起泡，搅拌是非常重要的。60~65℃的牛奶最佳。打泡完成后，晃动奶泡壶，使表面的泡沫和液体相融合，就会出现光泽。

☕ 奶泡的制作方法

顺滑、有光泽是好奶泡的标志

　　制作奶泡时一般使用原味牛奶。表面光滑、有光泽是制作成功的标志。由于意式浓缩咖啡含有咖啡油脂，牛奶会浮在液体表面，所以要在意式浓缩咖啡冲煮后油脂未消失之前，迅速操作。

---

1 空转蒸汽棒

是空转咖啡机的蒸汽棒。

要点

因为蒸汽棒是利用水蒸气来工作的，所以冷却后，水蒸气会液化成水进入牛奶中。通过空转去除多余的水分，做出状态良好的奶泡。

---

2 插入蒸汽棒，打发牛奶

　　将280mL（150mL咖啡杯2杯的量）牛奶装入奶泡壶中，蒸汽棒没入牛奶中约1cm。打开开关后迅速下移马克杯，使牛奶和蒸汽棒头有1~2mm的距离，打发牛奶。不断下移马克杯，保持牛奶奶泡表面和蒸汽棒前端有1~2cm的距离，使奶泡增加。

3 搅拌牛奶

　　牛奶增加到最初的 1.3 倍后，将蒸汽棒没入奶泡 5cm 处，利用蒸汽的气流搅拌牛奶。奶泡壶升温到能用手摸 1 秒钟的程度（60~65℃）时，关闭开关，取下马克杯。

要点

加热过度会破坏牛奶的甜度。

4 再次空转蒸汽棒

　　和开始一样，空转咖啡机的蒸汽棒。

要点

用完蒸汽棒立即关闭开关，会因关闭时的压力，吸入部分牛奶，不处理的话，牛奶会进入机器，所以在使用后应再次空转清出牛奶。

5 摇晃奶泡壶

　　摇晃奶泡壶，使奶泡和液体混合。水平摇晃奶泡壶，使牛奶中央凹陷，奶泡和液体融为一体。待牛奶表面出现光泽即可。

要点

做拉花之前要一直摇晃奶泡壶。

心形拉花

简单可爱
适合初学者的经典款拉花

1 拿高奶泡壶，把奶泡从咖啡杯中央倒入。

2 当杯中液体占据一半容量时，倾斜咖啡杯，放低奶泡壶。

3 表面形成白色的茶沫圈后，左右轻晃奶泡壶，茶泡圈逐渐向外扩散。犹如牛奶浮在茶色画布上一样。

4 当茶沫圈扩散足够大时，沿茶沫圈的中心线反方向注入牛奶，如同要把它从中间竖着切断一样。

5 到达咖啡杯边缘处后，将茶沫圈拉伸成心形。

完成

第三章　PART3　挑战花式咖啡

171

树叶形拉花

用牛奶表现一枚树叶
需要更细致高超的技法

1 拿高奶泡壶，把奶泡从咖啡杯中央倒入。当杯中液体占据一半容量时，倾斜咖啡杯，放低奶泡壶。

2 表面形成白色的茶沫圈后，左右轻晃奶泡壶，茶沫圈逐渐向外扩散，犹如牛奶浮在茶色画布上一样。

3 将奶泡壶由近及远移动的同时，像钟摆一样轻轻左右摇动。

4 一直移动至咖啡杯的另一端为止。

5 到达咖啡杯另一端后，沿茶沫中心线反方向注入牛奶。

完成

第三章 PART3 挑战花式咖啡

拉花艺术 3

郁金香形拉花

可爱的郁金香是
由多个心形图案重合而成的

1 　拿高奶泡壶，把奶泡从咖啡杯中央倒入。

2 　当杯中液体占据一半容量时，倾斜咖啡杯，放低奶泡壶并轻轻左右晃动，表面形成白色的茶沫圈后，停止注入牛奶。

3 　在步骤 2 完成的茶沫圈外继续注入牛奶。左右轻轻晃动奶泡壶，形成稍小的茶沫圈。

4 　在步骤 3 完成的茶沫圈外继续注入牛奶。左右轻轻晃动奶泡壶，形成更小的茶沫圈。

5 　沿中心线反方向注入牛奶。

完成

第三章　PART3　挑战花式咖啡

心形及树叶形拉花

一杯咖啡，两种拉花
桃心和树叶的组合

1 拿高奶泡壶，在杯子的右半部分倒入奶泡。当杯中液体占据一半容量时，倾斜咖啡杯，放低奶泡壶。

2 表面形成白色的茶沫圈后，左右轻晃奶泡壶，茶沫圈逐渐向外扩散。

3 一边减小晃动的幅度一边向前移动奶泡壶。从中心处向反方向注入牛奶，树叶形拉花完成。

4 在叶子旁边的空白位置倒入奶泡。

5 表面形成白色的茶沫圈后，左右轻晃奶泡壶，茶沫圈逐渐向外扩散。

6 沿茶沫圈的中心线反方向注入牛奶，将茶沫圈拉伸成心形。

第二章 PART 3 挑战花式咖啡

熊

治愈系小熊
人气设计

1 拿起奶泡壶，把打好的奶泡倒入咖啡杯中央位置。

2 液体达到杯子的一半时，倾斜杯子，奶泡壶贴近杯子。

3 当牛奶开始向上浮出圆形时，左右轻轻晃动奶泡壶，使形状不断扩大，给人一种使牛奶浮在茶色画布上的感觉。

4 圆形图案足够大时停止注入奶泡。

5 在第4步完成的圆形图案处倒入牛奶，再制成一个小圆。这是熊脸的基础。

6 用勺子在杯子里舀取白泡，放在大圆的上方，做出熊耳朵。

第三章 PART3 挑战花式咖啡

7 用雕花棒头蘸取茶色奶泡，画上熊的眼睛。

8 同样在雕花棒头蘸取茶色奶泡，在熊的嘴和脸颊上画一条线。

9 用勺子从杯子中舀出白色奶泡，从上到下画3个大、中、小的圆。

10 用雕花棒把步骤**9**中画出的圆连接起来，制作成心形。

想要写字的时候

像画画一样，卡布奇诺也可以写字。写在茶色液面上时，用雕花棒头蘸取白色奶泡就可以了。想要在白色泡沫上写信息时，与上面步骤7一样，使用茶色奶泡。

绚丽的咖啡鸡尾酒世界

近年来，加入咖啡的鸡尾酒越来越受欢迎。以前都是在海外大受欢迎，现在越来越多的国内咖啡店也开始经营咖啡鸡尾酒了。在这里为大家介绍可以在家制作的方法。

这是位于日本东京天空树附近的一家咖啡店中一款颇具人气的咖啡鸡尾酒。与水果搭配，外表时尚，在女性顾客中人气很高。

华丽的装扮非常受女生欢迎

在使用咖啡的加工饮品中，最吸引人、最时尚的当数鸡尾酒。像咖啡拉花一样，咖啡鸡尾酒也是世界咖啡锦标赛的主要比赛项目，最近在日本也非常有人气。

提起使用了咖啡的酒，爱尔兰咖啡（Irish Coffee）是以爱尔兰威士忌为基酒，以咖啡为辅料，调制而成的一款鸡尾酒。当然还有其他款咖啡鸡尾酒。咖啡将蒸馏酒的香气、烈酒的甜味与水果的酸味相融合。咖啡与酒的完美结合让人回味无穷。

在夜晚，享用一杯咖啡鸡尾酒，是多么让人放松的一件事啊！

第三章 PART3 挑战花式咖啡

爱尔兰咖啡

咖啡鸡尾酒的代表。倒入暖暖的玻璃杯里，在寒冷的夜晚喝上一杯。

打2分钟的淡奶油达到可以流动的程度。

RECIPE 配方

推荐的咖啡豆 ▶ 中焙或深焙的带有苦味的咖啡豆

【材料】（1人份）

┌ 滴滤式咖啡	160mL
A 爱尔兰威士忌	30mL
└ 砂糖	小勺两勺半
淡奶油	60mL

【制作方法】

1 将淡奶油倒入容器里，用起泡机打2分钟。

2 将材料 **A** 放入玻璃杯充分搅拌。

3 将步骤**1**中打好的淡奶油挤在杯子上面。

冰咖啡杜松子奎宁鸡尾酒、浆果

充满果酱的甜品系鸡尾酒。推荐埃塞俄比亚的咖啡豆。

选用带有果肉的浆果进行捣碎。

RECIPE 配方

推荐咖啡豆 ▶ 中焙程度，果酱系带有酸味的咖啡豆

【材料】（1 人份）

喜欢的浆果（草莓、木梅、蓝莓、蔓越莓等）.....................................20g

┌ 冰咖啡...............................120mL

A 黑刺李酒.............................30mL

└ 白糖糖浆.............................10mL

酸橙（切螺纹形）...........................1个

奎宁水...................................适量

【制作方法】

1 将喜欢的浆果放入容器中捣碎。

2 在玻璃杯里放入冰（适量）和 **A**，再将酸橙放在上面，微微搅拌。

3 在 **2** 中加入奎宁水，轻轻搅拌使冰浮起来。

浓缩意式马提尼

可可与咖啡相互融合，需充分冷却后饮用。

推荐咖啡豆 ▶ 深焙带有苦味的咖啡豆

【材料】（一人份）

浓咖啡.........................60mL（双份）

伏特加.................................30mL

白糖糖浆、白可可利口酒、

香甜咖啡酒...........................各10mL

【制作方法】

1 把所有材料倒入搅拌器里。

2 再加入适量的冰，摇匀。

3 充分冷却后，过滤到玻璃杯中。

滴滤式咖啡基础

浓咖啡朗姆酒

散发着朗姆酒甘甜香气的鸡尾酒，可加入橙汁。

推荐咖啡豆 ▶ 中焙柑橘系的带有酸味的咖啡豆

【材料】（1人份）

A ┌ 浓咖啡、朗姆酒 各3mL
  └ 蜂蜜 15g
牛奶 130g
咖啡豆 8g
干橙子 1片

【制作方法】

1 在牛奶中加入咖啡豆，放入冰箱冷藏2天，取出咖啡豆。

2 将 A 倒入杯子中混合，再放入加热后的 **1** 中，充分搅拌。

3 最后放上干橙子。

第四章

PART
4

更高级的咖啡享用方法

这一章将介绍面向咖啡达人的咖啡享用方
法。通过混合咖啡和杯测，感受一下咖啡的奥
秘吧。

混合咖啡的魅力

混合咖啡是将不同种类的咖啡混合在一起制成的。
在咖啡店里很常见，在家里也能挑战一下。下面介绍一
下能感受到与单品咖啡不同魅力和乐趣的混合咖啡。

混合咖啡是活用素材制成，如"料理"一般

以单一种类的单品咖啡为基底，使其产生新的味道而制成的混合咖啡，
可以称为"料理"。混合咖啡充分利用各种类的特性，自由地表现出制作
人想要的味道。

不止咖啡店，所有的饭店也都售卖混合咖啡。其目的各不相同。除了
表现店铺的理想味道，作为招牌菜单，还有一个目的，就是将几种咖啡豆
混合在一起以谋求味道的均衡，制作出大家喜欢的咖啡。另一方面，混合
比较便宜的咖啡豆来调整原价以达到降低成本的目的。

如果了解混合咖啡的制作顺序和基本要点，在家里也可以轻松制作、
享用。混合咖啡的制作方法有两种：混合生咖啡豆的"预混合"；烘焙后
再混合的"焙后混合"。在这里介绍容易挑战的"焙后混合"。

容易感受个性碰撞的精品咖啡最适用于混合咖啡。通过自己尝试制作
混合咖啡，可以切实感受到咖啡豆之间的调和，比起店里的成品能感受到
更多的乐趣。

专业的混合手法

● 预混合

在生咖啡豆的状态下进行混合，再把所有的咖啡豆进行烘焙的做法。
因为只需一次烘焙，不需要花费时间，但是如果不能根据不同的豆子进
行最合适的烘焙，将很难接近理想的口味。

● 焙后混合

把豆子各自烘焙后配制的做法。从烘焙开始，使用几种咖啡豆就需
要烘焙几次，虽然需要花费时间，但是却可以更有效地释放出咖啡豆的
味道。

☕ 混合的乐趣

单品咖啡	混合咖啡
感受独特的味道	感受平衡的口感

1 感受更丰富的味道

　　单一种类的单品咖啡，能直接感受到原材料的味道，享受到咖啡豆各自的特点。与此相反，混合咖啡是不同咖啡豆取长补短，平衡各种味道。如果是店里的混合咖啡，就可体会、体验到制作者喜好的味道，找到心仪的店铺。如果是家里的混合咖啡，就可以追求自己喜欢的味道。

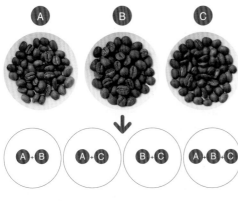

2 无限增加味道的种类

　　例如，3 种不同口味的咖啡豆可以有 4 种组合，若配方比率不同，就会无限地产生不同的混合咖啡。由此来决定自己想要的味道并定下基准，这是混合咖啡的魅力之一。

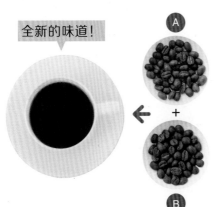

全新的味道！

3 创造味道的乐趣

　　混合咖啡和料理一样。比起直接品尝买来的咖啡豆，创造出新味道的乐趣更大。试着混合味道熟悉的单品咖啡，或许也会发现新的魅力。

混合咖啡的基础

只是单纯地胡乱混合咖啡豆是不能得到美味的混合咖啡的。首先参考一下专业的想法吧。

混合咖啡的基本理念

专业人士在制作混合咖啡时有几个要点。首先要想好想做的味道。选择符合此味道的咖啡豆时，要考虑到烘焙程度相近的咖啡豆之间更容易搭配。还要考虑味道的特点，选择在整体平衡中发挥作用的咖啡豆。

但是，这也只是多种想法中的一种。有时偶然的搭配会有不可思议的魅力。作为兴趣的混合咖啡与专业做法不同，没有限制。尝试着挑战各种各样的搭配吧。

要点1▶想象想要的味道

〔 开始 〕　　　〔 目标 〕

想把 A 做成一种味道清爽的混合咖啡。

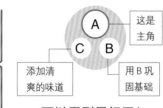

这是主角

添加清爽的味道

用 B 巩固基础

可以看到目标了！

没有想法，但是想制作美味的混合咖啡。

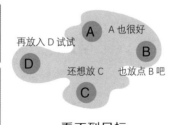

再放入 D 试试　A 也很好

还想放 C　也放点 B 吧

看不到目标

仅以"想要制作美味的混合咖啡"为目标，则范围很大。如果想法不清晰就开始的话，会变得漫无计划，无论花费多长时间都无法完成。首先要明确想要的味道，再考虑为了这个味道用什么咖啡豆，起到什么作用。

要点 2 ▶ 搭配烘焙程度相近的咖啡豆

基本上，深焙和深焙，浅焙和浅焙的相互混合，就很容易使味道统一。深焙和浅焙的搭配容易消除彼此的优点，很难保持平衡。不过，两种极端的味道搭配在一起会产生奇怪的味道，所以要记住这些指标。

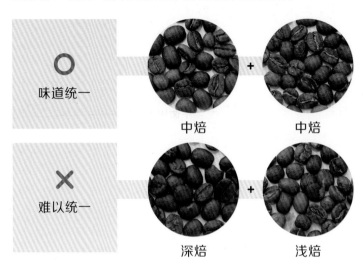

味道统一

中焙 + 中焙

难以统一

深焙 + 浅焙

要点 3 ▶ 考虑适合咖啡豆特点的角色

首先设计好各咖啡豆在配料中处于哪个位置。可以把混合咖啡看作是一个舞台。舞台上，有主角和支撑它的配角，也有在故事情节中起到亮点作用的角色。同样，要想发挥豆子各自的独特风格，就要把握咖啡豆的个性，明确它们的作用。

1. 设立主角

将有明显特色的咖啡豆设为主角，为使其味道更加明显配合使用其他咖啡豆。

2. 突出个性

凸显主角的强烈特点，享受味道的变化。

3. 添加重点

确立完主角后，再添加一种特征明显的咖啡豆作为亮点。

辨别咖啡豆 特点的方法

混合咖啡最重要的是掌握所使用的咖啡豆的特点。先掌握混合咖啡中经常使用的单品咖啡的特点吧。

如何改变主角咖啡豆的特点

考虑咖啡豆的作用时，要关注其味道特点。例如主角咖啡豆有明显的酸味时而且想要强调其酸，就要考虑弥补不足的深度和浓度，保持口味的平衡。这样，自然而然地就确定了与之搭配的咖啡豆。

因此，首先必须要了解各种单品咖啡的特点。在这里大致是按照产地来介绍，但是同一国家因地区、农田、品种、处理加工方法、烘焙方法不同也会产生很大的差异。请以此作为参考。

☕ 经常被当作主角的咖啡豆

特点鲜明

经常被当作主角的咖啡豆的味道特点非常突出。如果把这个咖啡豆的独特特征作为整体的中心，则很容易制成混合咖啡。比如"埃塞俄比亚""肯尼亚"等都是个性鲜明的主角。另外，味道稳定的咖啡豆也多被当成主角。

埃塞俄比亚咖啡豆

香气独特芬芳，味道雅致。

肯尼亚咖啡豆

浅焙有明显的水果味。

哥伦比亚咖啡豆

多用于混合咖啡中，有柔和的甜味和酸味。

🍵 经常被当作基础的咖啡豆

保持平衡

基础豆最重要的作用是平衡。选拔主角的同时，还要挑选足以补充不足之处、完全可以支撑整个混合咖啡的咖啡豆。以拥有稳定感的"巴西"为代表，"危地马拉""哥伦比亚"等多被专业人士选作混合咖啡的基础豆。

哥伦比亚咖啡豆

苦、香、酸都很柔和，和任何咖啡豆都可以轻易融合。

危地马拉咖啡豆

有很强的香味和甜味，和酸味强的咖啡豆可以很好地融合。

巴西咖啡豆

是基础豆的代表。平衡性好，能凸显主角特点。

🍵 经常被当成亮点的咖啡豆

有明显的魅力

经常被当成亮点的是那些有明显魅力的咖啡豆。它们也可做混合咖啡的主角。加入少量的这些特点鲜明的咖啡豆，就可以在味道上产生强烈的冲击。"曼特宁""埃塞俄比亚""哥斯达黎加"等就是其中的代表。

哥斯达黎加咖啡豆

柑橘系风味，大多有独特的甜味。

埃塞俄比亚咖啡豆

具有像红酒一样的水果味和香味，可以成为亮点。独特雅致的味道。

曼特宁咖啡豆

具有浓郁的香味，口感醇厚。只加入一点就可改变味道。

193

尝试在家制作混合咖啡

按照制作顺序，了解一下在家制作混合咖啡的流程。制作过程本身很简单，首先从想法开始吧。

新手从混合两种咖啡开始

在家制作混合咖啡时，新手可以先确定主角咖啡豆，以此为中心确定其他咖啡豆。一定要准备好自己喜欢的咖啡豆进行尝试。

所用咖啡豆要全部是烘焙过的。制作混合咖啡首先从两种咖啡豆开始。如果使用的咖啡豆是精品咖啡，那么要混合 2~3 种后才能明显感到各种咖啡豆所起的作用。在专业领域也有搭配 5 种以上的情况，但是不适用于初学者。

☕ 家庭混合咖啡的基本流程

1. 准备道具

平常在家泡咖啡时使用的萃取器具一台，测量咖啡豆用量的专业汤匙、数码尺。

2. 确定咖啡豆

根据风味、浓烈的味道、给人的印象等咖啡豆所具有的特点来决定主角、基础豆以及各种咖啡豆的作用。

3. 搭配

根据不同比例制作样本，记录自己的喜好。为以后可以再制作出相似的味道，记录下搭配的比例。

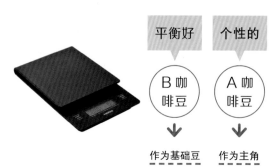

平衡好 → B 咖啡豆 ↓ 作为基础豆

个性的 → A 咖啡豆 ↓ 作为主角

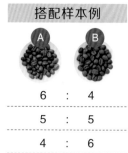

搭配样本例

A		B
6	:	4
5	:	5
4	:	6

☕ 尝试混合 2 种咖啡

初学者很容易挑战的是混合两种咖啡。

在这里介绍以"基础辅助主角""给基础添加亮点"这两点为目的来制作混合咖啡的例子。

目标味道 1　以埃塞俄比亚咖啡豆为主角的华丽的味道

基础辅助主角

[总量 20g]

埃塞俄比亚咖啡豆具有浓郁的香气、水果味和强烈的酸味。为充分体现及辅助其特点，要选择特点不明显的咖啡豆。如果搭配具有温和酸味和苦味的巴西咖啡豆，会得到香甜可口的味道。

主角		基础
埃塞俄比亚 （浅焙）	+	巴西 （中焙）
40%		60%

巴西 12g　埃塞俄比亚 8g

目标味道 2　以危地马拉为基础的清新味道

给基础添加亮点

[总量 20g]

以拥有适当酸味、平衡性好、醇香可口的危地马拉咖啡豆为基础，稍加入清新的肯尼亚咖啡豆制成混合咖啡。虽然带有酸味，肯尼亚咖啡豆突出了中焙后的甜味和浓浓的醇香，它是味道的亮点。

基础		亮点
危地马拉 （中焙）	+	肯尼亚 （中焙）
80%		20%

肯尼亚 4g　危地马拉 16g

挑战混合三种咖啡豆

混合 3 种咖啡豆能形成更醇厚的味道。
正因为搭配复杂，才给人深刻印象。

目标味道 1 水果味的肯尼亚咖啡豆给人以高贵的印象

以两种基础豆突出主角

肯尼亚咖啡豆所带有的水果酸味中加入了巴西咖啡豆的厚重和哥斯达黎加咖啡豆的光滑感，给人以高贵的印象。相比起只有肯尼亚咖啡豆的单品咖啡，味道更具层次感。

[总量 20g]

哥斯达黎加 4g
巴西 4g
肯尼亚 12g

主角	基础	亮点
肯尼亚（浅焙）	+ 巴西（中焙）	+ 哥斯达黎加（中焙）
60%	20%	20%

目标味道 2 突出主角哥伦比亚咖啡豆的醇厚与光泽

基础豆 + 主角 + 亮点

把味道浓郁、有酸味的哥伦比亚咖啡豆作为主角，通过巴西咖啡豆稳定的味道增加其醇厚。再加入浅焙的埃塞俄比亚咖啡豆，增加其光泽。通过增加哥伦比亚咖啡豆的分量，使甜味更明显。

[总量 20g]

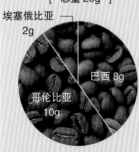

埃塞俄比亚 2g
巴西 8g
哥伦比亚 10g

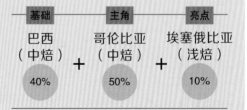

基础	主角	亮点
巴西（中焙）	+ 哥伦比亚（中焙）	+ 埃塞俄比亚（浅焙）
40%	50%	10%

挑战混合四种咖啡豆

习惯了混合咖啡的理念后开始想挑战混合四种咖啡豆。
把握各种咖啡豆的特征，把充分准确体现各特点作为目标。

目标味道　## 隐藏曼特宁特点的味道

[**总量20g**]

哥斯达黎加
4g

曼特宁
2g

危地马拉
6g

巴西
8g

用基础豆抑制主角的强烈

以平衡性好的巴西咖啡豆和危地马拉咖啡豆作为基础，使用香醇甘甜的哥斯达黎加咖啡豆添加亮点。隐藏曼特宁咖啡豆带有的独特香味，制作多重味道的混合咖啡。使用少量作为主角的曼特宁咖啡豆，就能完全调和整体混合咖啡的味道。

主角	基础	基础	亮点
曼特宁 （深焙）	危地马拉 （中深焙）	巴西 （中深焙）	哥斯达黎加 （中焙）
10%	+ 30%	+ 40%	+ 20%

专栏

如何起名为（××混合咖啡）

"蓝山混合咖啡""摩卡混合咖啡"等以混合咖啡冠名的商品名字，其咖啡豆要含有30%以上。此决定来自全日本咖啡公平交易协会制定的《有关普通咖啡及速溶咖啡表示的公平竞争规则》。

蓝山混合咖啡

例

蓝山 30%
咖啡豆A 50%
咖啡豆 20%

向名人请教混合咖啡的技巧

咖啡店的混合咖啡代表着该店的特色。
下面介绍一下从老店的招牌混合咖啡的窍门到混合咖啡的建议。

统一烘焙程度、
给人深刻印象的深焙混合咖啡

"但马屋咖啡店"的招牌混合咖啡是"原创混合咖啡"。散发着咖啡油脂光泽的咖啡豆讲述着深焙程度。将咖啡豆粗研磨，用法兰绒滤布进行萃取后的混合咖啡，既有苦味的冲击，又有醇香柔和的味道。

法兰绒滴滤的蓝山咖啡。

"烘焙程度是基本的中深烘焙。通过焙后混合，将各个咖啡豆的烘焙程度统一。火候控制非常难。烘焙时间过长会发焦，发出臭味。"（大久保先生）

搭配比率也有专业的技巧。咖啡豆因年份不同会有丰收或歉收，有质量好或差之分。此时为了可以代替使用相同产地、等级的咖啡豆，要调整搭配比率。

店长大久保先生。开店以来，连续 30 年提供由前负责人制作的"原创混合咖啡"。

专业的混合咖啡建议

"确定一种作为基础的咖啡豆，弥补不足的味道。推荐：浅焙系摩卡：哥伦比亚：巴西=3：5：2；深焙系危地马拉：哥伦比亚：巴西=1：7：2。"

"但马屋咖啡店"
原创混合咖啡的理念

＜基础＞
哥伦比亚

＋

摩卡
（埃塞俄比亚）

＋

其他两种

向深焙的哥伦比亚中
增加甜味

以平衡性良好的哥伦比亚咖啡豆为基础，共计混合 4 种咖啡豆。通过加入摩卡，使甜味和醇香变得明显。通过深度烘焙得到绝无仅有的碰撞。

招牌混合咖啡"特制混合咖啡（蓝山咖啡基础)"。

店长山本刚正先生。第2代店主。满足顾客细小的要求，制作混合咖啡。

超越单品咖啡味道以此作为目标

1946年开业的咖啡店"山本咖啡店"主要经营浅焙的咖啡豆。理由是"清淡的浅焙味道细腻"。混合4~8种咖啡豆制作混合咖啡时，通常要准备15种左右，以寻找想要的味道。山本先生认为"混合咖啡是充分利用各种咖啡豆的味道制造出单品咖啡所不能表现的味道"。"特制混合咖啡（蓝山咖啡基础)"是以超越蓝山咖啡的美味为目标而制成的。充分发挥平衡性非常好的蓝山1号的优点，与其他咖啡豆相搭配制成带有柔和的酸味和香醇味道的混合咖啡。

"山本咖啡店"
特制混合咖啡的理念

< 主角 >
蓝山 1 号

+

摩卡
(也门)

+

其他 5 种

将蓝山咖啡泡出更加丰富的味道

以蓝山中最高级的蓝山1号为基础，制成有7种咖啡豆的混合咖啡。特别强调摩卡（也门）带有的水果般丝滑的香醇。

专业的混合咖啡建议

"首先从两种开始进行混合。咖啡最重要的是新鲜。不要混合剩下的咖啡豆，新鲜的时候用大杯或量尺边记录边搭配，这样会发现新混合咖啡的乐趣。"

什么是杯测？

杯测是专业的评测咖啡方法。在咖啡领域是必须要掌握的知识。

专业的杯测大致分为两种方向

在不同的情况下，对咖啡豆的等级和品质检验、烘焙、认识咖啡豆的风味和特点等进行评测，这种做法称为"杯测"。

杯测与咖啡豆等级无关，是在商品咖啡和精品咖啡之间进行的。做法相同但是意义不同。例如，制造商收购了大量不明商品咖啡豆，进行流通时，此时杯测的目的是了解是否把缺点控制在基准范围内，是一种消极检测。

另一种是找出各种精品咖啡豆的特点进行评价，此时杯测的目的是了解其风味，特点是一种积极检测。杯测还可以影响其价格。

☕ 杯测的意义

1 消极检测
  检查商品咖啡的缺点

2 积极检测
  表现精品咖啡的个性和特点

对于咖啡新手来说，杯测也是为了掌握各种咖啡特征的有效方法。同时，评测多种咖啡可以轻易了解咖啡豆的个性特点。

☕ 精品咖啡的杯测

精品咖啡中根据场合不同,杯测目的也不同。在这里介绍一些主要的例子。

主要由谁来进行

买方、杯测师

杯测是决定生豆状态下精品咖啡的交易价格的因素之一。活跃于咖啡豆交易的杯测师,有被第三方派遣的,也有卖方和买方各自委托的情况。

烘焙师

烘焙师杯测的目的,是寻找适合每种咖啡豆的烘焙程度、评估烘焙豆的质量、向购买者说明该豆的个性。他们也通过杯测分析烘焙过程中的哪个部分对咖啡豆的加工产生影响。

咖啡专家

把烘焙过的咖啡豆销售给客人的手艺人,他们杯测的目的,是检验店铺提供的咖啡质量,寻找每一种咖啡豆最适合的研磨方法,探索咖啡的冲泡方法,简单易懂地说明店里每种咖啡的味道等。

专业人士看什么?

肯尼亚咖啡分级。国家公共机关进行杯测的豆子将被拍卖。

生豆的质量

通过检查生豆的质量,确认咖啡豆的生长环境、精制方法等直到成品的各个工序。还可以根据咖啡豆的味道判断出哪道工序有问题。

烘焙

极短的时间或环境差异中会给烘焙带来很大变化,因此首先要决定烘焙的程度。此后,每次烘焙时,都要一边确认成品的味道,一边摸索接近最佳状态的时机。

201

杯测的方法

在杯测中有多个项目。精品咖啡中，每个项目、表现都很重要。

在各种状态下检测咖啡豆

杯测是在各种状态下来检测烘焙后中研磨～中细研磨的咖啡豆。检测后不用过滤器过滤，"向咖啡粉中直接加水，口、鼻腔全体吸入上层的清澈液体"，以这种方法进行杯测。

杯测的评分方式各有不同。现在在日本有两种主流方法，即"SCAJ 方式"和"SCA 方式"。在品评会和协议会上，由数位杯测师（执行杯测的人）进行杯测，采取平均评价。

☕ 日本的主流方式

1 SCAJ 方式

日本精品咖啡协会 (Specialty Coffee Associatior of Japan) 采用的评分方式，是以"卓越杯（Cup of Excellence = COE）"(p35) 的评分方式为标准，对 8 个项目进行 0~8 分评分，再加上基本分 36 分（有缺点时进行减分），合计 100 分满分进行评测。精品咖啡的标准是总分 80 分以上。

- 日本精品咖啡协会主办
- 以 COE 方式为基础
- 评价有 8 项
  （加上"缺点、瑕疵"项为 9 项）

2 SCA 方式

精品咖啡协会 (Specialty Coffee Association) 的评分方式。有 10 个评价项目，每项满分为 10 分。与 SCAJ 方式最大的不同是评估项目的排列顺序。综合得分 80 分以上的为精品咖啡。

- 精品咖啡协会主办
- 评价有 10 项

☕ 杯测的要点

1 检测 "香气" 和 "味道"

　　杯测主要评价的是咖啡的 "香气" 和 "味道"。精品咖啡有很明显的水果、巧克力等味道。香味和味道丰富，能够感受到个性就会获得高分。回味、醇厚度都与味道有关系。

2 追踪状态的变化

　　杯测是指从干燥粉末的状态到倒入热水、温度骤然下降为止，追踪每个状态下的味道、香气并进行记录。一受热就会感到香气，咖啡温度下降到 60℃ 之后才能感受到咖啡豆原本的味道。

3 重复进行

　　不是一次性决定评测，而是进行多次评测。杯测多种咖啡豆时，当检测完其他咖啡豆后再次确认香味、味道的话，可能会有很大的改变。杯测 1 种咖啡豆需要花费 30~ 40 分钟的时间。

专栏

商品咖啡用缺点检测方式进行评价

　　商品咖啡和精品咖啡的杯测目的不同。商品咖啡不采用 COE 式或 SCA 式等世界统一标准，而是根据不同产地的评价标准来评级。例如巴西咖啡豆实行 "巴西式杯测法"，要检测 300g 生豆中瑕疵豆的数量、咖啡豆的大小。这是香味和味道等负面要素是否在基准范围内的一种缺点检测方式。

SCAJ 咖啡杯测表的书写方法

用于咖啡杯测的杯测表可以通过杯测研讨会获得。在这里，用专业的填写事例来介绍杯测的书写方法。

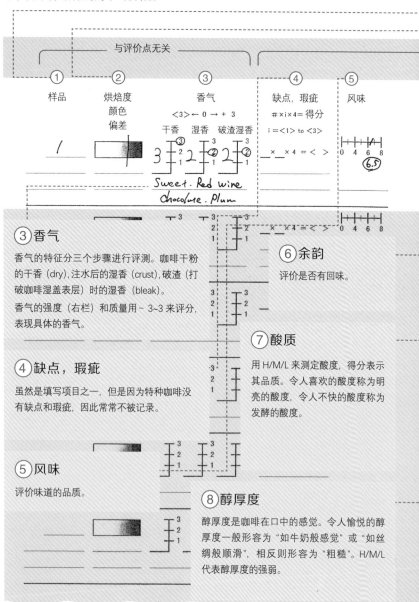

与评价点无关

① 样品

② 烘焙度 颜色 偏差

③ 香气
<3> ← 0 → + 3
干香　湿香　破渣湿香

④ 缺点，瑕疵
# × i × 4= 得分
i = <1> to <3>
＿× ＿× 4 = < >

⑤ 风味
0 4 6 8
(6.5)

Sweet. Red wine
Chocolate. Plum

③ 香气

香气的特征分三个步骤进行评测。咖啡干粉的干香 (dry)，注水后的湿香 (crust)，破渣 (打破咖啡湿盖表层) 时的湿香 (bleak)。
香气的强度 (右栏) 和质量用 – 3~3 来评分，表现具体的香气。

④ 缺点，瑕疵

虽然是填写项目之一，但是因为特种咖啡没有缺点和瑕疵，因此常常不被记录。

⑤ 风味

评价味道的品质。

⑥ 余韵

评价是否有回味。

⑦ 酸质

用 H/M/L 来测定酸度，得分表示其品质。令人喜欢的酸度称为明亮的酸度，令人不快的酸度称为发酵的酸度。

⑧ 醇厚度

醇厚度是咖啡在口中的感觉。令人愉悦的醇厚度一般形容为 "如牛奶般感觉" 或 "如丝绸般顺滑"，相反则形容为 "粗糙"。H/M/L 代表醇厚度的强弱。

① **样品名称**

记录咖啡豆（还有序号）的名字。

② **烘焙度**

记录咖啡粉的颜色程度。

[分数的基准]
4 点——普通
5 点——好
6 点以上——优秀

※ 与估价点的关系
6分以上有中间分(例如6.5分)

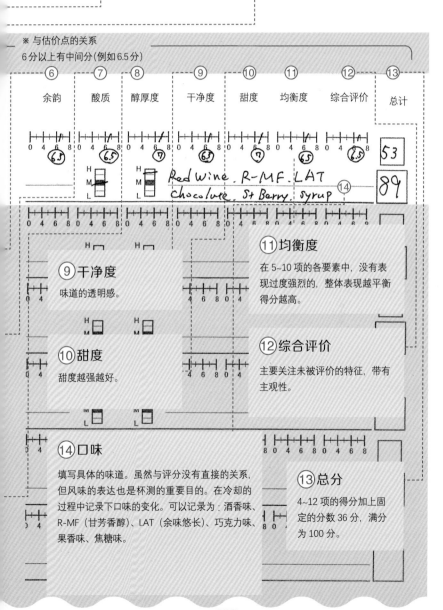

⑥	⑦	⑧	⑨	⑩	⑪	⑫	⑬
余韵	酸质	醇厚度	干净度	甜度	均衡度	综合评价	总计

Red wine. R-MF. LAT
Chocolate. St Berry. syrup

⑨ **干净度**

味道的透明感。

⑩ **甜度**

甜度越强越好。

⑭ **口味**

填写具体的味道。虽然与评分没有直接的关系，但风味的表达也是杯测的重要目的。在冷却的过程中记录下口味的变化。可以记录为：酒香味、R-MF（甘芳香醇）、LAT（余味悠长）、巧克力味、果香味、焦糖味。

⑪ **均衡度**

在 5~10 项的各要素中，没有表现过度强烈的，整体表现越平衡得分越高。

⑫ **综合评价**

主要关注未被评价的特征，带有主观性。

⑬ **总分**

4~12 项的得分加上固定的分数 36 分，满分为 100 分。

用 SCAJ 方式
进行杯测

在这里，我们将介绍基于 SCAJ 方式的杯测方法。
一定要在家里试试啊。

☕ 杯测的工具

洗涤用的杯子

用于清洗勺子的杯子。没有特定的大小和材质要求。

杯测匙

最好用图片上的专业杯测匙。也可以用汤勺大小的勺子代替。

杯测咖啡杯

如果按 180mL 的热水 10g 咖啡粉的比率，任何杯子都可以。但是，杯测多种咖啡豆时，最好准备相同种类的容器。

杯测评分表

可以从咖啡杯测会上获取，也可复印本书 p210，或从 COE 网站下载。

计时器

为了准确地记录倒入热水后的时间。

干净的纸杯

杯测时可以饮用多种样品。但杯测样品数量多时，要把饮入的液体吐出，以免给肠胃造成负担。

☕ 杯测的流程

1 准备样品

　　将样品咖啡豆研磨成中～中细研磨的咖啡粉。一般为 10g。即使数量变化也可以，但是当杯测多个样本时，为了条件相同而统一用量。当使用同一个研磨机研磨两种以上的咖啡豆时，不要让先前研磨的咖啡豆对之后的咖啡豆造成影响。在研磨完咖啡豆 A 后，可以在先研磨少量咖啡豆 B 之后再进行研磨标准量的咖啡豆 B。

要点
- 样品的量是中～中细研磨的咖啡粉 10g。
- 研磨完咖啡豆 A 之后，先研磨少量的咖啡豆 B，再进行标准量的咖啡豆 B 的研磨。

2 观察并闻香味

　　杯测咖啡杯中放入样品之后，先确认其颜色，记录项目 2 "烘焙度"。接下来，闻香味，并记录在项目 3 "香气"中"干香"（dry）一栏。

要点
- 填写香气的强度、品质以及具体的香气特征。

3 注入沸水，闻香味

将 90℃以上的热水全部注入装有样品的杯子中，启动计时器。10g 咖啡粉兑 180mL 的热水。这个过程叫作"破渣"。约 1 分钟后，确认释放出的香味强度和品质，并记录在项目 3 "香气"中的"湿香"（crust）一栏中。

要点

- 10g 的咖啡粉对应 180mL 的热水。
- 1 分钟之后确认香味。

4 4 分钟后搅拌，再次确认香味

4 分钟（或 3 分钟）后，将杯测匙伸至杯底，搅拌 4 次，使香味上升（搅拌的次数和方法根据情况有所不同），这个过程叫作"破渣"。所有样品使用统一的搅拌次数和方法。填写在项目 3 "香气"中的"破渣"一项。

要点

- 有时等待 3 分钟。
- 杯测匙必须一次一洗。
- "破渣"的次数有时也会改变。所有样品搅拌的次数和方法是统一的。

5 捞渣

用杯测匙撇去浮在杯内上层的泡沫和咖啡渣。使用两个勺子可以快速完成。将其倒入干净的纸杯。

要点

●使用两个勺子可以快速完成。

6 啜饮尝味

方法是快速用力啜饮，使香气扩散至口腔，并进入嗅觉系统。这个动作可重复几次。填写表格 5~11 项。

要点

●杯测匙必须一次一洗。
●一般要吐出啜饮后的咖啡汁。

7 根据温度的变化
不断品味

在杯测表中每项的顺序，都要根据温度的变化而明确记录。记录完一遍之后，可对 5~11 项进行多次确认（可以添加味道或者修改分数），最后进行综合评价。

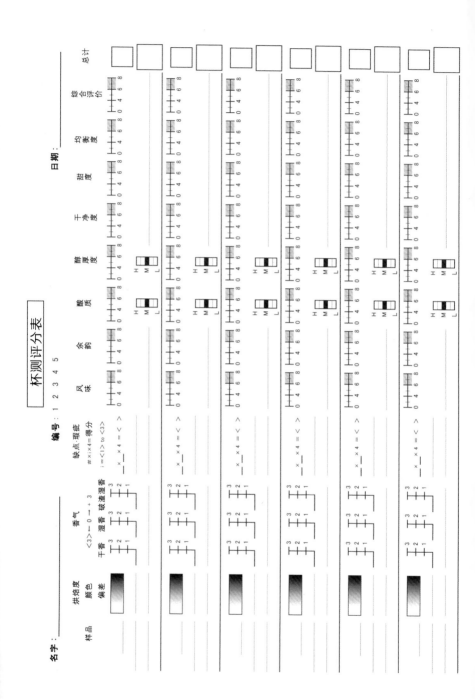

杯测评分表

名字：

日期：

编号：1 2 3 4 5

CUPPING
体验杯测

杯测这一程序，乍一看似乎很简单，但填写杯测表，客观地评估咖啡的味道是非常困难的。 无法表达差异，不确定哪一种应该更好，不知道正确答案，就无法进步。 进步的最佳方法就是参加由专业人士指导的杯测研讨会，这样就会知道评价每一项时的要点，获取技巧。很多人同时评估一种咖啡豆时，也会知道自己和他人的感受差异。

最近，越来越多的咖啡店也举办咖啡杯测品鉴会。参与者中有想要开咖啡店的人，有在餐饮业工作的人，也有酷爱咖啡的人等。因为多数情况不设置参加资格，所以参与者络绎不绝。

当您在家中进行操作时，建议您首先杯测缺乏特点的可可咖啡和具有鲜明个性的精品咖啡，两者差异明显。之后再杯测不同品种的精品咖啡。此外，一定在干净无异味的环境下进行，并请务必边使用杯测表等时边进行记录。

提升要点
- 参加由专业人士举办的杯测研讨会。
- 一定要在干净无异味的环境下进行杯测并进行记录。
- 杯测可可咖啡和精品咖啡，易于辨别两者差异。

咖啡风味的描述方法

杯测最重要的得分部分就是风味的表现。下面就介绍一下用具体的词汇来描述咖啡风味的要点。

替换成其他有共同特征的食物

在描述精品咖啡的味道时，很多的咖啡店都替换成用"牛奶巧克力""橘子""杏仁"等其他食物。这是为了能够让人有一个共同的认知，更容易表达出具有复杂细腻味道的精品咖啡的魅力。在专业领域中，也需要准确地完成这种替换的技能。

如果在家也能感受到咖啡的风味，那么咖啡的世界就变得更广阔了。

初学者想描述咖啡的风味是很难的，不过，即使表述模糊，也试着把最初感受到的味道换成语言吧。以此为起点，再考虑更接近于哪种风味。

例如，如果感到"清爽的酸味"，就要想一下这种味道是柑橘水果系、浆果系还是热带水果系。如果是柑橘水果系，就可以用葡萄柚、柑橘等更具体的食物来描述。

但是，风味因个人的感觉差异很大，没有正确答案和错误答案。味觉原本就因人而异，所以别人描述的风味未必一定是自己感受到的滋味。即使和别人不一样，也一定要描绘出自己的感受。

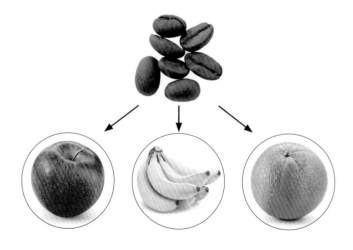

☕ 缩小风味描述的例子

从大体的印象到更具体的味道。诸如"苦涩"和"发霉"等味道都可以。真实地表达出感受吧。

第一步	第二步	第三步
水果味	柑橘类	葡萄柚、橘子、柠檬、酸橙、柚子、蜜橘等
	莓果类	草莓、蓝莓、树莓、蔓越莓、黑莓等
	苹果类	苹果、青苹果等
	葡萄类	葡萄、麝香葡萄等
	热带水果	香蕉、菠萝、芒果、西番莲、椰子等
坚果香	坚果	杏仁、花生、开心果、核桃、腰果
甜味	干果	葡萄干、加州西梅、无花果干、柿子干、香蕉片、陈皮
	巧克力	黑巧克力、牛奶巧克力、白巧克力等
	糖类	蜂蜜、枫糖浆、香草、肉桂等
香味	花	玫瑰、茉莉、薰衣草、菊花等
	香草	薄荷、紫苏、罗勒、迷迭香
	香料	胡椒、山椒、生姜、肉桂、豆蔻等

与美食搭配的魅力

咖啡和食物相搭配，以此来烘托对方的味道。一旦了
解这些方法，将能体会到更丰富的享用方式。

从"苦味与甜味结合"向"享受变化"

在咖啡的世界里，食物搭配是把咖啡和美食组合在一起，享受味道的
变化。以前，我只是单纯地将点心的甜和咖啡的苦融合在一起。

但是，由于精品咖啡的出现，使得人们更期待咖啡与美食的风味相融
合后带来的口味变化。现在，美食和咖啡的口味已经扩展到"相互补充""变
化"等更复杂的享用方式。

🍵 与美食搭配的法则

与美食搭配有以下 3 个法则。一起来享受一下意料之外的搭配吧。

1 味道的发现是一期一会

即使是同一品牌的精品咖啡，根据咖啡豆的状态、研磨方法、冲煮方法等味道都会不一样。食物也是一样，比如说巧克力，使用的材料、配方、做法都会改变其味道。所以食品搭配上没有正确的答案，是享受一期一会的乐趣。

2 通过相互补充来增加味道

把质感和风味相近的咖啡和食物搭配在一起，相互补充味道，进一步强调其口味的特点。比如，柑橘类风味的咖啡和柠檬的蛋糕搭配在一起，加上蛋糕的甜味，使酸味更加明显。

3 通过搭配来享受口味变化

口味不同的咖啡和美食搭配在一起，可以产生第 3 种味道。比如把看上去与咖啡不搭的桃子、柑橘类或葡萄系口味的咖啡相搭配，便会变成浆果和香蕉的味道。

☕ 与美食搭配的要点

如果有意识地进行食物搭配，试着去关注一下食物的香气、味道的浓淡吧！哪种组合会给人们留下深刻的印象呢？让我们来学习一下吧！

要点 1

搭配不同风味

想让增香变得容易，就要把咖啡同与它气味相同的食物组合在一起，把带有巧克力口味的咖啡和巧克力组合在一起的话，味道就会更上一层楼。虽然都叫巧克力，但是味道也各不相同，各有各的风味。关注其独特的口味，才能完成更高级的食物搭配。

要点 2

搭配味道的浓淡

味道清爽的咖啡和味道浓郁的食物搭配在一起，由于两者口感和质感完全不同，其中一种味道往往会被抹杀掉。同样的浓度和质感，很容易感到搭配的乐趣。

☕ 改变印象的搭配示例

从味道的增加，到味道的变化和增强，介绍一下易于掌握的食物搭配的例子。

味道的变化	味道增强

马苏里拉奶酪

+

哥斯达黎加咖啡豆
哥斯达黎加 La Concha
独特咖啡

蕨饼

+

巴西咖啡豆
巴西 沙帕达农场

**从与咸味的调和
到余味变甜**

"La Concha" 所拥有的烤坚果味和马苏里拉奶酪适度咸味完美搭配。您可以享受马苏里拉奶酪的甜味和与 La Concha 调和后产生的甜味。

**更加强调了食物的口感
味道变丰富**

黄豆粉的风味与"沙帕达"所拥有的茶一般独特风味是绝配。蕨饼的顺滑口感和沙帕达的质感（厚重的感觉）在口中相互融合，口感十分醇厚。

开一家咖啡店

越来越了解咖啡后，可能有人想要自己开一家咖啡店。
开店之前要了解什么呢？

突出特色，获得利益

要开咖啡店，除了要具备有关咖啡的技术和知识外，还要具体考虑经营。初期的费用、资本运作所需的资金、物业的选择、装修施工、筹备、采购、收支计算等各种各样经营所需的知识和操作。在开咖啡店之前，积累一些餐饮店的经验也是一种方法。

另外，网上销售 / 实体店铺、送货上门的快递服务 / 就座服务等，业态形式和店铺的规模各不相同。如何打造特色，进行差异化经营也很重要。

最先应该考虑的事情

下面将要介绍想要开店时，最先应该考虑的事情。

1 业态、风格

选址、目标人群、商品的陈列、店铺的理念、业态形式、规模等决定店铺的框架。重要的是在筹备资金的同时，把想法落到实处。

2 资金

不仅是成本，还要详细测算房租、劳务费等支出和销售前景，明确需要多少资金。在开业前 3~6 个月就准备好所需资金是比较稳妥的。

3 获取营业资格、许可

需要获取餐厅营业资格和许可。

决定商店的风格

考虑店面的业态、风格也是乐趣之一。这里介绍几个主要的例子。

商店的营业形态和规模

[咖啡销售的业态例子]

移动式咖啡店

使用可移动的单车在公园或活动场所进行销售。

优点: 初期费用、运行成本低。

缺点: 由于是移动式业态,不易形成固定客户群。

咖啡售货点

店内没有座位,而是通过柜台直接销售。

优点: 顾客的翻台率高。初期费用和运行费用低。

缺点: 客单价低。

咖啡厅

是在店内设置座位,提供配餐。

优点: 容易形成固定客户群。店铺风格明显。客单价高。

缺点: 除了咖啡,还需要其他菜单。客人的翻台率低。维持店铺的初期费用、运行费用高。

[咖啡豆销售的业态例子]

网上销售

仅在网上销售生豆和烘焙豆。

优点: 不选场地即可营业。降低初期费用、运营成本。

缺点: 与实体店相比,不易被认知,不易有回头客。

实体店销售

实体店铺只销售咖啡豆。也可与网络销售同时进行。

优点: 比网络销售更容易被认知。可以从小规模店铺开始。

缺点: 店铺的初期费用、运营成本都非常高。

小 ↕ 大

咖啡店的特色

[理念]

使客户群、位置和氛围更具体化,以此来确定店铺的核心理念。

- 享受手冲咖啡的咖啡厅
- 提供流行花式咖啡,面向年轻人的咖啡店

[菜单]

确定提供的产品和菜单的内容。

- 咖啡
- 花式咖啡
- 面包和烘焙产品
- 午餐和早餐

[产品]

找到与其他店不同的销售商品和优势。

- 手工研磨、自家烘焙的精品咖啡
- 体验咖啡和自制甜品的搭配

217

与咖啡相关的
资格证书和竞赛

已成为专业人士自不必说，只是作为兴趣爱好也应该
知道的与咖啡相关的资格和竞赛。

不只是兴趣专业人士的领域

想做咖啡师或烘焙师，是不需要特殊的资格证的。但是，如果想要成为这个领域的"专家"，为了掌握大量知识和技巧，就要去听专业讲座，取得资格证。

在日本及世界各国举行着各种各样的职业选手参加的竞技大赛。从丰富的竞赛内容中可以看出，目前的咖啡文化十分成熟。大多数情况是可以到现场参观的，在那里既能欣赏专业人士的技术，也能提高自己的技能。

与咖啡相关的资格证书

从业界团体、公共机关的主要资格中，介绍两种接待客人时有用的资格证书和国际鉴定资格证书。

咖啡评价的专家
Q 级

咖啡豆分级时进行杯测的专业咖啡鉴定师。国际资格是 Q 级。被国际质量评估机构"CQI"(SC 隶属) 认可。日本只有不到 10 人取得这个资格。

[主办]
国际咖啡品质鉴定协会 (CQI)
[取得资格]
接受为期 6 天的训练考核。考试内容为与 SCA 咖啡评估相关的 8 门学科和 19 门考试。

专业的咖啡人
咖啡师

作为专业的咖啡师需要拥有特别多的咖啡知识和传达这些知识的交流能力。像服务员徽章那样，在胸前佩戴咖啡树图案的金徽章。

[主办]
日本精品咖啡协会
[取得资格]
参加 SCAJ 举办的"咖啡大师培训讲座"以及"实际操作讲习会"之后，参加认定考试。

与咖啡有关的竞赛

在这里介绍一下在日本举行的主要比赛，很多是世界大赛的热身赛。

＼ 提供多种意式浓缩咖啡 ／

日本咖啡师
世界巡回锦标赛

以意式浓缩咖啡为主，进行咖啡技术的竞技。在规定的时间内提供 3 种饮品，以作品内容的合适性、正确性、连贯性作为评价标准。按照世界咖啡师锦标赛（Word Barista Championship）的规则进行比赛，JBC 的获胜者会出席 WBC 比赛。

饮品的创意引人关注。照片提供：SCAJ

＼ 表演也值得一看 ／

日本虹吸壶大赛
世界锦标巡回赛

进行使用虹吸壶萃取技术和表演的竞技。在限定的时间内制作"混合咖啡"和原创饮品。不仅是味道，还要评判手法和表演性。

使用虹吸壶进行的表演，只是看就已经很享受了。照片提供：SCAJ

＼ 咖啡豆鉴定 技术的比赛 ／

日本杯杯测师
世界巡回锦标赛

这是一项竞技杯测技术的比赛。用杯测的方法选出 3 个杯中味道不同的咖啡，并回答 8 个问题，比较其正确数的多少。正确数相同的情况下，则用时短者获胜。

＼ 评测适合咖啡豆 的烘焙技术 ／

日本咖啡烘焙师
世界巡回锦标赛

这是一项烘焙技术的比赛。2012 年引进的比较新的比赛。提前宣布"风味特征"，再进行烘焙，最接近此风味特征的获胜。

＼ 杯子上的 艺术表现 ／

日本拉花
世界巡回锦标赛

按照世界拉花锦标赛（SCAE Word latte Art Championship）的规则而举办的日本拉花比赛。在 8 分钟内，制作出含有两杯 3 种类型的咖啡，以外观、服务和卫生管理作为评价标准。

一起制作咖啡布丁吧！

把浓香的咖啡作为甜点的素材也非常棒。下面介绍可轻松完成的咖啡布丁的制作方法和享用方法。

在布丁中享受喜爱的咖啡豆

你有过在咖啡店里品尝咖啡布丁时觉得很美味的经历吗？原因是他们用了很讲究的咖啡豆。做法很简单，使用自己喜欢的咖啡豆，在家也能自制美味的咖啡布丁。

另外，咖啡布丁还可以有各种各样的搭配。比如，改变硬度做成圣代或者饮品，或者在上面加冰做成冰淇淋，味道会更好。在味道方面，也可以加入酒来调味，还可以调整咖啡布丁和奶油的甜度，类型多种多样。搭配各式咖啡豆，一起制作原创的咖啡布丁吧。

基本的咖啡布丁的制作方法

【材料】4 个 100mL 的容器

滴滤式咖啡（浓）......................350mL
水 2大勺
砂糖 40g
明胶粉.......................................8g
淡奶油.....................................适量

【制作方法】

1. 在装有水的容器里倒入明胶粉，冷藏 20 分钟以上并保持干燥。

2. 把 1 和砂糖放入碗中，迅速加入咖啡，边搅拌边使 1 溶化。

3. 在 2 的碗中加入冰水，用橡胶铲一边搅拌一边消除余热。

4. 将 3 的四分之一倒入容器中，放入冰箱冷藏至少 2 小时至冷却、凝固。在上面淋上淡奶油。

表面装饰上打发的淡奶油，看起来就更棒了。

调整硬度进行调制

只需要改变明胶粉的用量，就能做出不同口感的果冻。根据硬度来调制成各式各样的甜点吧！

（硬的）切成块

以"基本的咖啡布丁制作方法"为基础，把砂糖换成30g，明胶粉换成10g制作而成。用保鲜膜包住放在平底盘里，凝固之后用刀切成块。

在咖啡布丁上加入冰淇淋和淡奶油就是圣代。加入黄豆粉和豆馅就有了和风的感觉。

（柔软的）压碎

以"基本的咖啡布丁制作方法"为基础，放入50g砂糖，明胶粉变成5g制作而成。由于明胶用量少，不易凝固，所以在步骤4中冷藏时间要延长到3小时以上。

将咖啡布丁用勺子舀出放在杯子里，加入牛奶，就是能喝的咖啡布丁。想要原味就加入淡奶油，夏天推荐加冰。

第五章

PART
5

咖啡和文化

长期被世界人民喜爱的咖啡有着隐藏的历史和不为人知的故事。

咖啡的历史

现在，咖啡以各种各样的形式渗透到我们的生活中。
在这里，我们追溯一下咖啡受到全世界欢迎的历史。

因环境变化而发展的多样的咖啡文化

人类发现咖啡树的地方是埃塞俄比亚西南部。但是，初期的咖啡和当地部落有什么关系，并没有留下文字记载，因此不是很清楚。之后，10 世纪左右咖啡传播到了对岸的也门，因"药"效显著而备受瞩目。

咖啡渐渐成为嗜好品是在 15 世纪左右。大约 16 世纪麦加出现了一家被称为"黑咖啡"的咖啡店，咖啡的饮用文化在穆斯林地区开始传播开来。

不久，在 16 世纪末至 17 世纪传入欧洲，并开发出"滴滤式咖啡""意式浓缩咖啡"这两种现在的主流饮用方式。此后，17 世纪传入美洲大陆。以"波士顿倾茶事件"（p230）为导火索，咖啡替代了茶，成为受百姓喜欢的饮品，咖啡文化也在世界第一大消费国家内扎根。另外，咖啡是在 19 世纪传入日本的。

咖啡年份表

6—9 世纪（有异议）
- 埃塞俄比亚
卡尔迪的传说

10 世纪
- 阿拉伯医生拉泽斯对咖啡做了最初的记录

13 世纪
- 也门的奥玛尔传说
- 咖啡在穆斯林圈内作为神秘的药物被饮用

15 世纪
- 在也门开始种植咖啡树
- 15 世纪 70 年代至 16 世纪左右咖啡在"沙特阿拉伯"的麦加传播

16 世纪
- 1544 年，土耳其在土耳其的刚斯坦奇挪布尔（现在的伊斯坦布尔）诞生了世界第一家咖啡店

☕ 咖啡的传说

在咖啡起源的诸多传说中，最为有名的有两个。

1 牧羊人卡尔第的故事

牧羊人卡尔第发现山羊异常兴奋。经过多次探察，发现羊群吃了一种红色的果实。听到这个故事后的僧侣开始用水煮咖啡果喝。

2 奥玛尔僧侣的传说

奥玛尔僧侣被流放到街上，饥寒交迫，偶然用树上的红色果实煮水喝后，顿时疲劳感消除。

☕ 早期的咖啡

早期的咖啡被当成医学和宗教领域的饮品来饮用。

1 医学效果受到关注

10 世纪，阿拉伯医生拉泽斯将咖啡的种子煮出来的汤称为"班卡姆"。继承这一知识的是医生亚维森纳，他认为咖啡可以"强健身体，让皮肤变得干净并祛除湿气"，有着显著的医学效果。

2 穆斯林教徒的秘药

15 世纪，咖啡在麦加广为流传，祈祷时提神的效果十分显著。它作为珍贵的秘药在禁酒的穆斯林教徒中十分受欢迎。但是 16 世纪初，在伊斯坦布尔发生了咖啡镇压事件，使咖啡的饮用成了争论的焦点。

17 世纪

- 1607 年，美国约翰·史密斯向北美传播咖啡知识。
- 1615 年，意大利咖啡传入了威尼斯、欧洲圈。
- 1645 年，意大利威尼斯最早的咖啡屋开业。
- 1652 年，英国伦敦最早的咖啡屋开业
- 1683 年，澳大利亚维恩最早的咖啡店开业

☕ 咖啡豆的传播

咖啡树的原种中,现在产量最多的是阿拉比卡种。它是如何向世界传播的,让我们来探索它的路线吧。

❶ 在埃塞俄比亚被发现 ➡ **❷** 6—9 世纪,传入阿拉比卡半岛 ➡ **❸** 1658 年传入锡兰

❻ 1706 年传入荷兰 ⬅ **❺** 1699 年传入印度尼西亚 ⬅ **❹** 1695 年传入印度

❼ 1714 年传入法国

❽ 1722 年法国占领圭亚那高原,开始栽培咖啡　　**❾** 1723 年传入法国占领的马提尼克岛

❿ 1727 年传入巴西　　　　　　　　　　　　　**⓫** 1728 年传入牙买加

⓬ 1825 年传入夏威夷

为什么咖啡的传播要经过漫长的岁月?

13 世纪传入伊斯兰教圈后,咖啡作为珍贵的秘药,也作为外交手段和贸易资源被重视起来,各国都开始进行保护,禁止带到国外。然而人们拼命夺取,带回到自己的国家和领土。这样从被发现开始,经历了 500 多年,咖啡才在其最佳生长地带大量种植,成为人们日常生活中熟知的饮品。

18 世纪

- 1773 年,美国
  以 "波士顿倾茶事件" 为契机,咖啡开始正式在美国普及

- 1782 年,日本
  在日本发现的首个与咖啡相关记述的译本《万国管窥》(志筑忠雄翻译)出版

19 世纪

- 1804 年,日本
  作为文人的武士大田(蜀山人)记录了日本人首次饮用咖啡的体验

- 1840 年左右,英国
  虹吸壶被发明

- 1880 年,法国
  开始出现滴滤式咖啡

☕ 咖啡的多种享受方法

随着时代的变迁，咖啡文化也在一点点变化。这里介绍从制取方法到风味调配，多种多样的享受方法。

1 萃取器具的进步

最初的萃取方法是"土耳其式"。用 IBRIK 煮，只饮用上层澄清的部分。现在在中东地区也很普遍。"滴滤式"的起源是指在 1800 年左右，法国人贝卢瓦 (M.de Belloy）改良了两段式滴滤壶。之后又出现了煮咖啡壶。使用滤纸的滴滤式方法诞生于 20 世纪之后。用直火式的意大利咖啡壶炼制浓缩咖啡也是 20 世纪才开始的。

滴滤壶

两个壶叠放在一起的构造。将咖啡粉从上壶的小孔中倒入，并注入热水，萃取液会流到下壶。

煮咖啡壶

为了能直接在火上简易地提炼咖啡，煮咖啡壶因此诞生。很多人也用于户外冲泡咖啡。热水沸腾后通过壶里的管来萃取咖啡。

IBRIK

用铜或黄铜制的提炼工具。加入咖啡粉和水后加热。

2 饮用方法的多样化

速溶咖啡和罐装咖啡、便利店的滴滤式咖啡等，随着时代变化，便利地享用咖啡的方法被固定、流传下来。另一方面，开始出现家用烘焙机，享受咖啡的方法也开始变得多样化。

3 丰富多样的风味调配

咖啡店里加入淡奶油和巧克力的意式浓缩咖啡和甜点等，都被作为美味的基础而使用。

意式浓缩咖啡中加牛奶的拿铁。

19 世纪	20 世纪	21 世纪
• 1858 年，日本 由于自由贸易，开始正式进口咖啡	• 1963 年设立国际咖啡机构（ICO）	• 2010 年，美国 蓝瓶咖啡在纽约首次开店
• 1898 年左右，刚果 卡内弗拉罗布斯卡种被发现	• 1969 年，日本 世界首个牛奶罐装咖啡在日本诞生	
• 1899 年左右，美国 日本化学家加藤悟博士发明速溶咖啡	• 1986 年，美国 星巴克咖啡"西雅图系"开始生产滴滤式咖啡	

关于咖啡

风靡全世界的咖啡在各地有着独特的进化过程。在这一章中，可以了解到各国丰富多彩的文化，并介绍一些令人惊讶的咖啡小知识。

创造崭新的文化
日本

与欧美各国相比，日本在咖啡文化领域起步较晚。西雅图的咖啡，第三波浪潮（p242）等热潮趋势受到了美国的影响。但是，日本人发明了罐装咖啡、冰可乐，咖啡店的普及等独特的咖啡文化在日本也很发达。吸收、发扬不同文化的精华是日本人的拿手本领，这也被充分发挥在咖啡领域。

1 日本是世界上屈指可数的冰咖啡大国

2 罐装咖啡起源于日本！

夏天必备的饮品——冰咖啡是日本独特的喝法。明治时期人们就把咖啡冰镇起来喝。这在日本是很流行的喝法，近年来这种喝法在海外也受到追捧。

1969 年，世界上第一个罐装咖啡诞生于日本。开发者为 UCC 创始人上岛忠雄先生。当时的瓶装牛奶咖啡，喝完后必须要把瓶子还给小卖部。罐装咖啡作为"随时随地可以喝的咖啡"被开发出来。

3 "珈琲"这个词来源于"簪"

　　"珈琲"这个词是由江户时代的兰学家宇田川榕庵发明的。将咖啡的果实比作簪子，簪子的装饰用"珈"字表示，连结簪子的装饰品的纽扣用"琲"字来表示。

5 历史悠久的咖啡店文化被第三波浪潮取代

　　使用自家烘焙的咖啡豆，用手动过滤的方式沏上一杯咖啡等，这些都是第三波浪潮的代表性特征，实际上它和日本的咖啡店文化一样。

4 让世界惊叹的日本卡布奇诺

　　它是将牛奶倒入意式浓缩咖啡时进行拉花。在日本，心形和叶子形的图案自不必说，就连漫画中的角色和动物等多种多样的图案也能描绘出来，其拉花的技术在海外也引起很大反响。

6 日本的咖啡馆是平民的社交场所

　　被认为日本首家正式的咖啡馆是1888年在上野黑门街上开张的"可否茶馆"。这家店不仅提供饮食，也是能够享受到台球和纸牌的平民社交场所。

7 "纯咖啡"这个单词诞生的契机是什么

　　在日本大正到昭和初期，不是以咖啡，而是以酒和女性的招待服务为主的"咖啡店"掀起了一股热潮。为了与这些店区分开，出现了表示普通咖啡店的词汇"纯咖啡店"。20世纪30年代开始使用"纯咖啡店"，是一种现今已经被废除了的"咖啡文化"，但这个称呼却流传了下来。

咖啡消费大国
美国

咖啡的第一消费国——美国，有着与欧洲各国不同的根深蒂固的独特咖啡文化，其产生的契机可以追溯到独立战争时代，经过大量消费时代，在世界大受欢迎的咖啡连锁店"星巴克"推动了第二波浪潮。之后，作为反转第二波的热潮，第三波浪潮出世，并引领当今世界的咖啡热潮。

1 清淡咖啡成为主流

1773 年"波士顿倾茶事件"是独立战争的导火索。英国给平民所喜爱的红茶附上重税，因此愤怒的美国商人把进口的红茶扔进海里，之后代替红茶的就是咖啡了。最初咖啡只是红茶的替代品，为了更贴近红茶味道，清淡咖啡成为主流。

2 速溶咖啡是日本人在美国开发的

支撑着咖啡快速普及的速溶咖啡开发者是日本人加藤悟博士。他在芝加哥设立了加藤商会，并在美国博览会上展出，销售速溶咖啡。但他并没有拿到专利，而被乔治、康斯坦特、路易斯、希奇等人于1906 年获得了专利。

3 美国唯一的咖啡产地是夏威夷

美国能保证稳定出口量的产地只有夏威夷。拥有与蓝山同等品质与价值的"夏威夷科纳"，主要在奥阿夫岛、毛伊岛等地区种植，近年来也颇具人气。

4 西雅图系咖啡热潮是从 20 世纪 80 年代后期开始的

20 世纪 80 年代后期，开始了西雅图系咖啡热潮。与以往主流的清爽美式风格不同，最大的特征就是用深度烘焙的意式浓缩咖啡来冲泡，并确定了用奶油等甜品来搭配的菜单。

5 美式咖啡 = 味道淡的咖啡的另一个原因

第二次世界大战时，咖啡是优先供应给军队的，所以美国国内供不应求。充分利用少量咖啡豆等各种节约方法十分常见，人们养成了薄泡的习惯。因此也有美式咖啡 = 味道淡的咖啡这一种说话。

6 出现了灌注进啤酒机 的氮气咖啡（Drip Coffee）

氮气咖啡近年来备受瞩目。2012 年，斯坦普特咖啡公司在波特兰开始销售含氮气的冰咖啡，转眼间风靡全美。现在的一些人气连锁店也引入了此种咖啡。

对咖啡有着深厚的感情
欧洲

　　意大利人发明了意式浓缩咖啡，法国创造了牛奶咖啡。构筑现代咖啡文化基础的欧洲人的生活中，咖啡已经成为不可或缺的一部分。咖啡的年消费量、人均消费量，以北欧为首的欧洲地区远远领先于其他地区。

1 人均一年的消费量北欧最多

　　在世界咖啡消费量排名中，前5名有3个是北欧国家，它们分别是芬兰、挪威、丹麦。从这个结果来看，北欧是以咖啡生活为基础的咖啡大区。另外，位于西欧的卢森堡的咖啡消费量之所以会飞涨，是因为较低的税费吸引着周边国家的购物者。

人均咖啡消费量（2013 年）

（单位：kg/ 人·年）

第 1 位	卢森堡	27.33
第 2 位	芬兰	12.1
第 3 位	挪威	9.08
第 4 位	奥地利	8.82
第 5 位	丹麦	8.78

引自：《世界人均咖啡消费量》
全日本咖啡协会

2 北欧以浅煎为主

　　大家熟知的带酸味的浅煎咖啡豆，在北欧成为主流。
　　严选高品质的咖啡豆进行进口。正因为有着这种咖啡文化，与咖啡中加入大量的砂糖和牛奶的大部分欧洲国家不同，北欧人大都喜欢喝黑咖啡。

3 意大利的咖啡店数量达到 13 万家以上

在意大利被称为"BAR"的咖啡店随处可见。咖啡已成为人们生活的一部分，意大利的"BAR"数量已经达到 13 万家以上（2009 年 / 引自：日本贸易振兴机构日本贸易振兴会）。另外，在咖啡连锁店星巴克中，意式浓缩咖啡成为主流，这也是受意大利的"BAR"文化影响。

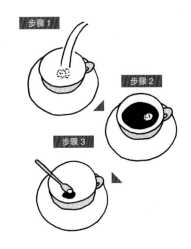

步骤 1
步骤 2
步骤 3

4 享用加糖的意式浓缩咖啡

在意大利，往浓缩咖啡里倒入 2~3 勺砂糖，搅拌均匀之后，享受它散发的芳醇香气。饮完咖啡后，还可以品尝沉入杯子里的砂糖。

5 英国的"白咖啡"

英国的咖啡店里有一种"白咖啡"。不是因为颜色是白色的，而是因为加了牛奶。在英国，红茶也分为不加奶的和加奶的两种。

主要的咖啡产地
中南美洲

中南美洲是包含巴西在内的世界最大的咖啡产地。由于咖啡豆是获取珍贵外币的资源，过去各国都积极向国外出口高品质的咖啡豆。因此，当地诞生了多种独具特色的咖啡。

1 同样的南美，不同的生产体系

咖啡豆的产量和出口量都位列世界第一和第三的巴西和哥伦比亚，其生产体系恰恰相反。在巴西，充分利用广阔的土地，通过机械采收的方式而进行大规模生产的农场是主流。但在哥伦比亚，由于种植区安第斯山脉倾斜度很大，所以小规模生产的农场是主流。

2 流传在咖啡大国身后的历史逸事

1727 年，咖啡树传入巴西。在禁止向国外带出咖啡种子的时代，一位葡萄牙军官试图从栽培咖啡树的法国领地圭亚那带出种子，因此故意接近圭亚那总督夫人。虽然困难重重，但在回国时，总督夫人送来了藏有咖啡种子的花束。

3 智利以速溶咖啡为主

同属南美洲，位于咖啡带以外的智利、阿根廷、巴拉圭几乎不种植咖啡。特别是在智利，说起咖啡，连咖啡店里也只提供速溶咖啡。

4　国内消费量高涨的哥伦比亚

　　和其他南美洲国家一样，哥伦比亚以前的咖啡消费量很少。但是由于受到 FCN 哥伦比亚咖啡生产者联合会的影响，国内的消费量从 2009 年的 120 万袋上升到了 2015 年的 150 万袋，2016 年平均每天饮用 3~4 杯，对咖啡的需求越来越高。

5　秘鲁把浓缩咖啡液稀释后再饮用

　　在秘鲁，如果在咖啡店里点咖啡，只提供空杯子、小瓶的咖啡浓缩液以及热水。浓缩液很浓，与热水一起倒入杯中，根据自己的口味进行调节。牛奶咖啡的话，用牛奶代替热水。

6　"几乎就是牛奶口味"的阿根廷式咖啡

　　阿根廷有一种被称为"咖啡香格里拉"的独特咖啡。把起泡的热牛奶倒入杯中，再加入一勺浓缩咖啡，就是阿根廷式咖啡了。最后可根据自己的喜好放入砂糖。

7　使用肉桂、红糖煮出来的墨西哥咖啡

　　在墨西哥有一种自古流传下来的传统咖啡——锅咖啡（Café de Olla）。它是与肉桂、黑糖一起，用锅煮咖啡豆。其特点是具有浓烈的黑砂糖甜味和肉桂的味道，适合在寒冷的季节享用。

咖啡的发祥地
非洲、亚洲、大洋洲

非洲是咖啡发祥地，以埃塞俄比亚为首有很多咖啡生产地都在此。亚洲的印度尼西亚种植着世界最珍贵且价格昂贵的咖啡豆。大洋洲现在被视为新的咖啡前线。接下来我们关注以下这三个特点鲜明的地区。

1 埃塞俄比亚的"咖啡主导地位"是什么

用炭火烘焙咖啡豆

通常会给每人倒
3 杯咖啡

在埃塞俄比亚，咖啡仪式就像是日本的茶道。传统的待客方式是一边给客人喝咖啡，一边聊天。通常由女性来主持咖啡仪式。从煎咖啡豆开始，是一个漫长的过程。

2 肯尼亚的代表品种 SL28、SL34 中的"SL"的含义

肯尼亚备受特种咖啡市场的关注，并于 1903 年成立了专门研究咖啡的研究所"Scott 研究所（Scott Lab oratoories）"，研制出众多咖啡品种。肯尼亚的代表品种 SL28、SL34 就是该研究所研制的。

3 受国家战乱影响的非洲咖啡产业

在非洲各地，大多由女性承担着咖啡种植。其原因之一是因为受到国家战乱等影响，男性人数剧减。

4 在大洋洲的馥芮白（flat white）

澳大利亚和新西兰最常见的咖啡为馥芮白。它是由浓缩咖啡、热牛奶和奶泡组成的。与牛奶咖啡和卡布奇诺的最大区别是有少量的奶泡。

5 在马来西亚很有人气的"白咖啡"

"白咖啡"是马来西亚当地的一种咖啡。原本是人造黄油、砂糖、小麦粉混合一起烘焙的咖啡，有着独特的烘焙方法。近年来，只添加少量的人造黄油，制成了浅烘焙的咖啡。没有苦味，味道浓厚，在国外也很受欢迎。

6 世界排名第二的越南咖啡

越南人以世界第二大咖啡生产量和出口量引以为豪。罗布斯塔种类的咖啡豆被大量种植，它作为可可茶咖啡的原料流通于国际市场。越南国内也有其独特的咖啡文化，使用专用的咖啡过滤器，加入炼乳的"越南咖啡"闻名于世。

7 印度"季风咖啡"

在印度有一种精炼法叫作"季风法"。在沿海工厂里脱壳的咖啡豆暴露于季风中，使其水分快速流失，变成暗淡的金黄色生豆。口感醇厚，味道浓烈。

8 印度尼西亚超珍贵的咖啡豆

在咖啡达人中，印度尼西亚产的"猫屎咖啡"被当成最珍贵的咖啡豆。麝香猫在吃完咖啡果后把咖啡豆原封不动地排出，人们把它的粪便中的咖啡豆提取出来后进行加工而成，产量极少。

咖啡的健康功效

咖啡被发现的时候，作为提神的秘药而被人们珍视。也就是说，咖啡以前作为"药"发挥着作用。在此解释咖啡的药理效果，用提问与回答的方式进一步深究。

☕ 咖啡中所包含的三大有效成分

胡卢巴碱

这是生豆中含有的成分，加热后变成"烟酸（维生素 B_3）和"NMP（N-甲基烟酸内盐）"。烟酸具有预防和治疗高血脂的效果。NMP 具有强抗氧化作用，通过刺激副交感神经来促进压力缓解。

咖啡因

有提神醒目的作用。可促进代谢、燃烧脂肪、抑制炎症。

多酚

有抗氧化的能力。还有降低糖分吸收、抑制饭后血糖上升的作用。

咖啡因和多酚的相乘效果

当我们体内摄取咖啡因和多酚时，多酚就会中和活性化酸性的成分，而咖啡因又会修复因氧化而引起的炎症。也就是说，两种成分对不同的目标（作用点）产生作用，同时抑制体内炎症。

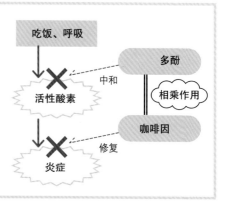

咖啡因　　预防癌细胞增殖，发挥最新医疗功效

咖啡对一种叫"基底细胞癌"的皮肤癌有预防效果。它不仅能消灭被紫外线伤到的细胞，还不会留下伤痕。研究表明，喝咖啡的人比不喝咖啡的人，皮肤癌的发病率低 10% 左右。在美国还销售加入咖啡因的防晒霜，只要被紫外线照到之前喝一杯咖啡，就能预防紫外线。

另外，研究表明咖啡的绿原酸（咖啡的多酚）能预防因紫外线而产生的雀斑。绿原酸还能预防色素细胞（黑素细胞）产生的色素沉积。

多酚　　多酚的含量在咖啡中最多

大部分植物都含有多酚，在咖啡里含有的是叫作"咖啡多酚"的一种绿原酸。在所有的食品中，咖啡所含有的多酚是最多的。比如，人要在蓝莓的多酚中摄取 1g 花青素，就要吃 100g 的蓝莓才可以达到这个数值。但是喝咖啡（浅煎）的话，只需要一杯就可以了。

绿原酸的功能是预防细胞的氧化，促进长寿荷尔蒙的脂联素分泌，延迟糖分的吸收，抑制饭后血糖的上升，刺激副交感神经降血压，促进中性脂肪的分解。多酚的功效多种多样，而且还能保持健康，真是百利无一害。

胡卢巴碱　　越加热越多的两种健康成分

生豆中含有的胡卢巴碱加热就会成为"烟酸"和"NMP"，这两种成分是咖啡的健康功效里不可或缺的。

烟酸可以预防因压力而产生的中性脂肪的增加，另外，可以促进能预防糖尿病、高血压、动脉硬化的脂联素的分泌，并且保护血管内壁，使血液循环流畅。最近，摄取胡卢巴碱还能预防大肠癌的功效受到了人们的关注。

NMP 能刺激副交感神经，使人心平气和，还有促进大肠运动降血压等功能。这种强抗氧化力还能对致癌物质有解毒的作用。这两种都是越加热越多的成分，所以深煎咖啡豆中含量更多。

Q 阿拉比卡品种和罗布斯塔品种，哪个健康成分更多？

A 所含有的健康成分不同。

阿拉卡比品种多用于直接饮用，罗布斯塔品种多用于速溶咖啡。人们常认为与大量生产的罗布斯塔品种相比，阿拉比卡品种价格更高，有效成分也会很多，但其实这两种都含有各自的健康成分。

阿拉比亚品种有丰富的胡卢巴碱，罗布斯塔品种含有大量的咖啡因和绿原酸，所以说这两种都饮用才能有效保健。

另外，因为阿拉比卡品种含有大量的蔗糖，所以，烘焙后甜味会增加，味道会变得更好。

与此相反，绿原酸含量比较高的罗布斯塔品种，烘焙后会有独特的苦味，这也是它的缺点，但是咖啡因的含量却比阿拉比卡品种含量要高得多。苦味和咖啡因对提神有着双重功效。

Q 根据烘焙程度不同，健康成分会变化吗？

A 加热后，会有增加的成分和减少的成分。

根据烘焙程度的不同，咖啡豆的健康成分也会发生很大的变化。首先，烘焙完的豆子所含有的健康成分里有咖啡因、绿原酸、烟酸、NMP。其中，只有咖啡因是不受热量的影响。绿原酸不耐热，所以在浅煎的豆子里含量会更多。相反，烟酸和 NMP 因加热而增加，所以深煎的咖啡豆里的含量更多。

深煎的豆子里，会增加咖啡的独特香气成分和色素。香气的成分和烟酸相同，也是降血压药的成分。颜色的成分，有改善肠道有益菌活动的作用。

也就是说，随着热量的改变，健康成分也会随之变化，最好浅煎和深煎的咖啡都要喝，这样我们就可以摄取以上 4 种咖啡里含有的健康成分了。

Q 什么时候喝比较好？

A 以减肥为目的的话饭前喝，要预防老年痴呆就要养成习惯。

如果以减肥为目的，最好在饭前喝咖啡。因为绿原酸能降低糖分的吸收，防止饭后血糖的上升。

而且在饭前饮用，会刺激抑制食欲的荷尔蒙，也能防止暴饮暴食。

另外，为了预防老年痴呆症，习惯性地喝咖啡是有效的方法。因为习惯性地喝咖啡能保持咖啡因在血液里的浓度，所以一天喝 2~3 杯比较好。

据研究表明，咖啡因有提高运动能力、计算能力的功效，所以运动前 30 分钟喝一杯咖啡，一边慢跑一边在脑中做简单的计算，从肌肉和大脑这两个方面着手，来提高认知功能的活性化，可预防老年痴呆。

Q 一天喝几杯咖啡比较健康？

A 一天 2~3 杯比较好，不要超过 4 杯。

虽然咖啡的健康效果得到了证实，但也有研究表明，"每天喝咖啡的数量超过 4 杯，未满 55 岁的人的死亡率比其他人高"。所以，为了健康，一天喝 2~3 杯比较好。

咖啡的成分也会因萃取方式而改变。咖啡豆油脂中含有的"二萜酸"可以提高血液的胆固醇和中性脂肪的数值，但这些可以用过滤器去除掉大部分。如果比较在意这些的话，与法压壶相比，最好用滤纸或者法兰绒过滤。

241

第三波浪潮

在日本，第三波浪潮是从 2010 年开始的咖啡业界兴起的热潮。接下来分别介绍一下第一波到第三波浪潮的特征。

在世界性改变中崛起的咖啡价值观

"第三波浪潮"是从 2000 年左右开始在美国兴起的。它是继大量生产、消费的第一波浪潮和西雅图系连锁开始流行的第二波浪潮后诞生的热潮。是一种不把咖啡当成消费材料，而是像红酒一样享受的思维方式。这个想法流行起来是在金融危机的影响下，以"不拘泥于流行和金钱，而是享受生活"的人们价值观的转变为背景而产生的。乘着第三波浪潮登场的咖啡店的共同特征，大致可分成 3 个。①执着于精品咖啡和原创咖啡。②一杯一杯地冲泡咖啡。③咖啡有着浅煎从而酸味会变得更强的倾向。这就是日益盛行的第三波咖啡浪潮。第四波浪潮会是怎样的呢？全体业界都在拭目以待。

19 世纪后半期至 1970 年 **大量生产廉价咖啡的时代** 第一波浪潮	生产国引进了新的精制技术，扩大了运输设备等，这些都成为大量生产咖啡的原因。由于速溶咖啡的普及和出现了大量廉价咖啡，使咖啡逐渐成为人们日常的消费品。 

▼

20 世纪 80—90 年代 **西雅图系咖啡连锁店** 第二波浪潮	作为第一波的倒计时，重视咖啡豆风味的西雅图系咖啡连锁店在世界上兴起。那时候非常流行用蒸馏器冲出来的浓缩咖啡配上奶油的饮品。 

2000 年— **精品咖啡平民化** 第三波浪潮	咖啡豆的特征自不必说，这时候人们开始重视流通路径，在红酒领域中称为"泰勒瓦品质"的理念也应用到了咖啡领域。比起混合咖啡，浅煎的单品咖啡更能使人享受到单一的咖啡豆的风味。 

44个地区，60个品牌产地：咖啡豆的产品目录

　　介绍世界上主要的咖啡豆生产地和受关注的精品咖啡的品种。以本书介绍的知识为线索，解读各地区咖啡豆的特征。

[看目录的方法]

生产国家或者地域名称
* 也有国名和地域名称简称的情况

生产国家或者地域的特征

15 巴西

以大规模农场为主，世界最大的咖啡生产国

从 1727 年开始种植咖啡，19 世纪 50 年代成为世界最大咖啡生产国，半数以上咖啡都产自规模在 20 ~ 200 公顷的大中型农场中。大型农场被称为 "庄园 Fazenda"，大多使用机械采摘。近年来米纳斯古拉斯州成为最大产地。

主要栽培的品种	波本、新世界、卡杜阿伊、马拉戈吉培、奥巴塔
收获时期	5—9 月
年生产量	3300000 吨

上图／圣珠茜庄园 (Santa Jucy) 的黄色卡杜阿伊，豆粒的大小非常引人注目。
下图／巴西大农场种植的情形。

南美地区

著名的咖啡豆

受关注的咖啡豆的介绍
* 各名称是以 "阿塔卡通商" 中的名字为基准的

▌大瓦尔任 格兰德农场 (Vargem Groude) 树上全熟的 SuperBoia

由一家意大利人经营的农场。Boia 是一种在树上全熟的特殊咖啡豆，全熟时咖啡果实是乌黑的。从中只筛选出粒大的咖啡豆。完全成熟的豆子具有浓醇与甜味兼备的味道。

[豆数据]

品种 新世界 **精制** 日晒法 **豆目大小** 15 以上 **其他** 海拔 1100 ~ 1250m **推荐烘焙度** 中煎 **风味** 巧克力、坚果、浆果

▌Nova Uniao 农场 奥巴塔

Nova Uniao 农场曾在 2016 年圣保罗州杯测竞赛中获胜。奥巴塔是一种新品种，在当地的语言中有着 "非常好" 的含义。在甜的同时可以感受到柑橘的味道以及强烈的口感。

[豆数据]

品种 奥巴塔 **精制** 半水洗法 **豆目大小** 15 以上 **其他** 海拔 800 ~ 900m **推荐烘焙度** 中煎 **风味** 奶糖、干果、坚果

257

[生产地的世界布局]

A 中美洲地区   B 南美洲地区   C 中东、非洲地区   D 亚洲、大洋洲地区

244

A

豆子的个性很独特的
中美洲地区

由于特殊的气候，就算在同样的国家，根据场所和农场的不同也会产生不同味道的咖啡豆。近年来，巴拿马产的瑰夏品种拥有很高的价格，在特别咖啡界人气也很高。

01 🇲🇽 墨西哥

中美洲地区

作为有机咖啡产地受到关注

在 1817 年开始正式种植咖啡豆。咖啡豆曾是该国出口最大的农产品，但在 20 世纪 90 年代发生了全球咖啡危机之后，生产量就直线下降。另外，以此为契机，墨西哥投入到了有机咖啡和人造咖啡的制造中，现在成为世界上屈指可数的有机咖啡生产国。

著名的咖啡豆

▍圆豆 Pluma Hidalgo

Pluma Hidalgo 是位于墨西哥南部的谢拉马德雷尔高地的小农家。标准的阿尔图拉咖啡豆都是大颗粒，但标准的圆豆尺寸小，适合浅煎，味道清淡。

[豆数据]

`品种` 铁毕卡 `精制` 水洗法 `豆目大小` 12~13 `其他` 海拔 950~1600m `推荐烘焙度` 浅煎 `风味` 坚果味、香草味、巧克力味

甜度
香气　浓度
稀缺性　干净度

245

02 🇬🇹 危地马拉

管理严格的 ANACAFE

1750 年，耶稣修道士把咖啡种子带到这里开始栽培。这里有 25000 家左右的生产者。"危地马拉全国咖啡协会（ANACAFE）"正在进行品质的提高和宣传。咖啡栽培在 8 个地区。受到被称为微气候的土地特有环境因素影响，这里可生产出各种口味的咖啡豆。

主要栽培的品种	波旁、卡杜拉、铁毕卡、马拉戈吉培
收获时期	12 月至翌年 3 月
年生产量	210000 吨

上 / 在保温性很强的砖头上晒咖啡豆的拉卡普拉 (La Cupula) 农场。

下 / 危地马拉有每个地区不同的气候特征。

著名的咖啡豆

▌拉卡普拉农场 波本

这是安泰格亚大农场主达尔顿家族所经营的农场。地点在潘乔亚 (Panchoy) 峡谷海拔 1650~2100m 的高地上，生产质量稳定的波本种的咖啡豆。其特点为香甜可口，口味平衡。

[豆数据]

品种 波本 **精制** 水洗法 **豆目大小** 16 以上 **其他** 海拔 1650~2100m 100% 日晒法 / 避荫种植 **推荐烘焙度** 中煎 **风味** 柠檬、浆果、橙子

雷达图：甜度、浓度、干净度、稀缺性、香气

▌阿瓜哈尔农场 (Aguajal) 帕卡马拉

位于危地马拉的主要产地之一的 nuevo oriente 地区。多云、多雨的天气和含有丰富矿物质的地质造就了优质的咖啡豆。大小约为 19 以上的帕卡马拉品种。

[豆数据]

品种 帕卡马拉 **精制** 水洗法 **豆目大小** 19 以上 **其他** 海拔 1200m 100% 避荫种植 **推荐烘焙度** 中煎 **风味** 太妃糖味、葡萄味

雷达图：甜度、浓度、干净度、稀缺性、香气

中美洲地区

03 🇸🇻 萨尔瓦多

只生产阿拉比卡种，积极进行品种改良

处于高地和热带气候火山地带，适合种植咖啡。1740 年引进咖啡。虽然种植着波本、铁毕卡等品种，但比较受关注的是该国开发的大颗粒的帕卡马拉品种。因海拔差异，可 分 为 SHB（strictly highgrown）= 高 地，HEC（highgrown central）= 中高地，CS（central standard）= 低地。

主要栽培的品种	波本、帕卡马拉
收获时期	1—5 月
年生产量	37380 吨

上／西伯利亚农场的处理加工过程。在自然风干过程中咖啡豆变得乌黑。
下／刚采摘的波本咖啡果。

著名的咖啡豆

▌西伯利亚农场 波本

1870 年创立的西伯利亚农场。大颗粒的波本品种都生长在海拔 1450m 的 Jamatepec 火山的东坡上，这里气候凉爽。近年蔓延中美洲的叶锈病导致其产量锐减，但目前正在逐步恢复中。

[豆数据]

品种 波本 **精制** 水洗法 **豆目大小** 16 以上 **其他** 海拔 1450m 避荫种植 **推荐烘焙度** 中煎 **风味** 橙子

▌温泉帕卡马拉 圣特蕾莎（Santa Teresa）

这也是从叶锈病恢复中的农场。他们用珍贵的天然温泉水进行水洗法精制。温泉里含有溴化钾，会给咖啡成分添加甜味。100% 日光干燥等，是用心做出来的咖啡豆。

[豆数据]

品种 帕卡马拉 **精制** 水洗法 **豆目大小** 13~14 **其他** 海拔 900~1350m **推荐烘焙度** 中煎 **风味** 巧克力 、坚果、焦糖

中美洲地区

247

04　洪都拉斯

在温差大的高地上生产高质量的豆子

　　洪都拉斯的大部分都是海拔超过海拔 1000m 的高原。因热带气候昼夜温差大，非常适合种植咖啡。海拔越高，咖啡豆的质量就会越高，最高品质的咖啡豆是在海拔1200m 以上的高地上栽培出来的SHB（strictly highgrown）。

主要栽培的品种	卡杜拉、铁毕卡、波旁、帕卡马拉
收获时期	10 月至翌年 4 月
年生产量	356040 吨

上 / 个人农场主比较多的洪都拉斯。用自己的名字给咖啡豆起名。下 / 用水洗方法加工处理。

中美洲地区

著名的咖啡豆

埃德加·马尔克斯

　　位于奥科特贝克县 Belén Gualcho 村的农场。农场里有美丽的瀑布。在风光明媚的地方栽培出的咖啡豆的特征就是具有柑橘一样的甜味和飘逸的香气。

[豆数据]

品种 铁毕卡　精制 水洗法　豆目大小 15 以上　其他 海拔 1660m 避荫种植　推荐烘焙度 中煎　风味 樱桃、焦糖

甜度・香气・浓度・稀缺性・干净度

Hector Mata

　　位于海拔 1521m 的古邦县 Belén Gualcho 村，已经继承了 3 代的斯如塔那农场生产的咖啡豆。古邦县的咖啡概括来说就是巧克力风味，味道均衡，回味浓厚。

[豆数据]

品种 帕卡马拉　精制 水洗法　豆目大小 15 以上　其他 海拔 1521m 避荫种植　推荐烘焙度 中煎　风味 巧克力、坚果

甜度・香气・浓度・稀缺性・干净度

05 尼加拉瓜

举办了 COE，提高了对咖啡的意识

是中美洲最大面积的国家，咖啡主要种植在西部的山区。2002 年举办 "卓越杯" (COE)，提高了对咖啡的意识。与危地马拉和洪都拉斯一样，用海拔来区分等级。近年，作为稀有品种的爪哇品种很有人气。

主要栽培的品种	铁毕卡、波本、卡杜拉、马拉戈吉培
收获时期	11 月至翌年 3 月
年生产量	126000 吨

上 / 埃尔博斯克 (El•Bosque) 农场栽培的黄色品种的波本。
下 / 巴勃罗•贝拉斯克斯 (Pablo Velazquez) 农场。

著名的咖啡豆

埃尔博斯克 (El·Bosque) 农场　波本

位于尼加拉瓜北中部的希诺特加 (Jinotega) 省是珍贵的动植物宝库，这里埃尔博斯克 (El•Bosque) 农场备受瞩目。和柑橘类的水果、香蕉、可可一起栽培的咖啡豆散发芳醇的香气。

[豆数据]

品种 波本　**精制** 水洗法　**豆目大小** 15 以上　**其他** 海拔 1050~1650m　**推荐烘焙度** 中煎　**风味** 胡桃、橙子

甜度
香气　浓度
稀缺性　干净度

巴勃罗·贝拉斯克斯农场 卡杜拉

符合美国农业有机认证标准的咖啡豆。这里的咖啡豆散发着能让人联想到坚果、巧克力、牛奶糖的芳香。口味酸甜，口感顺滑。

[豆数据]

品种 卡杜拉　**精制** 水洗法　**豆目大小** 16 以上　**其他** 海拔 1150~1300m 美国农业有机认证　**推荐烘焙度** 中煎　**风味** 巧克力、牛奶糖、杏

甜度
香气　浓度
稀缺性　干净度

06 🇨🇷 哥斯达黎加

小规模的农场
扩大生产量的问题

这里的咖啡豆 18 世纪经由古巴传来。种植的是阿拉比卡品种。大多数是未满 5 公顷（1 公顷 =0.01km²）的小规模农场，开发出自己的咖啡品种是"哥斯达黎加 95"，因生产成本太高、缺乏激励等原因，导致种植面积不大。

主要栽培的品种	卡杜拉、卡杜阿伊
收获时期	10 月至翌年 3 月
年生产量	89160 吨

上 / 哥斯达黎加的农场大小不一。
下 / 大粒的卡杜拉品种。

> **著名的咖啡豆**

黄金产业链 Lluvia de Oro

这是 1918 年从牙买加移民到哥斯达黎加的英国人建造的老字号农场。1971 年 3 名青年人收购了这片土地，现在其中一个人成了农场主。采用水洗法进行加工处理，生产味道平衡的优质咖啡豆。

[豆数据]

品种 鲁美苏丹 (Rume Sudan)、萨奇姆 (Sachimor)　**精制** 水洗法
豆目大小 16 以上　**其他** 海拔 1250m 日阴栽培　**推荐烘焙度** 中煎
风味 甘蔗、柑橘类、肉桂

甜度 / 浓度 / 干净度 / 稀缺性 / 香气

罗萨利亚农场 Rosalia

农场的面积只有 2 公顷。年产量虽然只有 120 袋，但品质非常高。这里的咖啡豆有着细腻又温和的味道，醇厚而芳香的香气，恰到好处的甜味和苦味完美搭配。

[豆数据]

品种 卡杜拉　**精制** 水洗法　**豆目大小** 16 以上　**其他** 海拔 1400~1550m 避荫种植　**推荐烘焙度** 中煎　**风味** 麦芽、三叶草、茉莉花

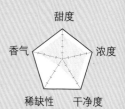

甜度 / 浓度 / 干净度 / 稀缺性 / 香气

07 　🇵🇦 巴拿马

以生产梦幻的瑰夏品种
创下世界纪录

在 2004 年的国际拍卖上，翡翠 (Esmeralda) 农场的瑰夏品种创下了历史最高价，巴拿马咖啡一跃成名。以此为契机，巴拿马加大咖啡豆种植力度。除此之外，也种植传统的阿拉比卡种咖啡。

主要栽培的品种	铁毕卡、卡杜拉、瑰夏、波本、帕卡马拉、马拉戈吉培
收获时期	10 月至翌年 3 月
年生产量	6900 吨

上／采摘咖啡的巴拿马的原住民。
下／巴拿马的日晒干燥的情景。

中美洲地区

著名的咖啡豆

▌贝尔尼纳农场 (Bernina) Baby 瑰夏 (Baby Geisha) 日晒法

位于波魁特河谷的名门农场所精心生产的瑰夏品种，只采集 3~5 年树龄的咖啡豆。这些"年轻"咖啡豆有着微甜柠檬茶里柑橘的酸甜味道。

[豆数据]

品种 瑰夏　精制 日晒法　豆目大小 16 以上　其他 海拔 1300~1650m　推荐烘焙度 浅煎　风味 茉莉、柠檬、柑橘、香草

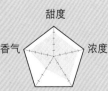

甜度
香气　　浓度
稀缺性　　干净度

▌本杰明农场 (Don Benjie) 铁毕卡

位于波魁特的 Bajo Mono 是拥有富含火山灰的肥沃土壤，多雨、多雾的环境非常适合种植咖啡。具有甜味、香味、辣味，是口味均衡的优质咖啡豆。

[豆数据]

品种 铁毕卡　精制 水洗法　豆目大小 16 以上　其他 海拔 1400~1500m　推荐烘焙度 中煎　风味 巧克力、坚果、柑橘

甜度
香气　　浓度
稀缺性　　干净度

由法律规定标准的高级品种蓝山咖啡

在日本有名的"蓝山咖啡"就是牙买加咖啡。在蓝山山脉海拔800~1200m 的高地上种植的咖啡，完全成熟成红色果实时进行手工采摘。而且要按照制定的标准，经过严格的检查后出货。它不像其他的咖啡豆装在粗麻袋子里，而是装在木桶里运输，这也是它的一大特征。

主要栽培的品种	铁毕卡
收获时期	10 月至翌年 4 月
年生产量	1000 吨

上／在蓝山，即使是晴天也会起雾，温差越大，咖啡豆的质量就越好。
下／蓝山专用的木桶。

著名的咖啡豆

中美洲地区

▌蓝山 NO.1 15kg 的木桶

在蓝山品种当中，最高级别的就是"蓝山 NO.1"。在克莱兹代尔(Clydesdale) 地区，以 1800 年英国人开办的克莱兹代尔 (Clydesdale)农庄为首，咖啡已发展为当地第一大产业，生产大粒的、口味芳醇的高品质咖啡豆。

[豆数据]

品种 铁毕卡 **精制** 水洗法 **豆目大小** 17~18 **其他** 海拔1000~1250m **推荐烘焙度** 中煎 **风味** 柑橘、牛奶巧克力、坚果

甜度／香气／浓度／稀缺性／干净度

▌巴斯霍尔农场 Mountain Superme

1942 年创立的，牙买加最大的单一农场。农场位于离蓝山约90km 的地区。海拔为 500~600m。这里生产的咖啡豆是豆目大小为17~18 的大粒铁毕卡品种。

[豆数据]

品种 铁毕卡 **精制** 半水洗法 **豆目大小** 17~18 **其他** 海拔500~600m **推荐烘焙度** 中煎 **风味** 柑橘、焦糖、香草、巧克力

甜度／香气／浓度／稀缺性／干净度

09 🇨🇺 古巴

虽受天灾影响，但却生产高品质的咖啡豆

古巴的咖啡是在法国殖民地叛乱时期从海地传过来的，主要的品种为波本、铁毕卡、卡杜拉、卡杜阿伊。这里生产的咖啡豆一半以上是在本国消费的，日本是这里屈指可数的出口国之一。虽然有着种植咖啡的最佳环境，但受飓风的影响，很难实现稳定供应。

著名的咖啡豆

▌塞拉马赫斯特

塞拉马赫斯特是古巴最大的山脉。古巴东南部是咖啡农场的发祥地，这里被认定为世界遗产。和蓝山咖啡的风味相似，甜味浓郁，苦味淡，有着清爽的醇厚味道。

[豆数据]

品种 卡杜拉、卡杜阿伊、波本　**精制** 水洗法　**豆目大小** 不明
推荐烘焙度 中煎　**风味** 巧克力、坚果、焦糖

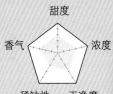

---

10 🇺🇸 波多黎各自治联邦区

位于中美洲，世界上最小的咖啡种植地

美属波多黎各自治邦。18 世纪开始种植咖啡，在 19 世纪后半期迎来了排名世界第 6 位的鼎盛时期，随后，生产量和流通量都逐渐减少。1999 年受到飓风的影响，目前呈现当地的消费量超过产量的状态。

著名的咖啡豆

▌Pons 农场

1936 年建立的具有历史意义的农场。2015 年波多黎各面临破产的危机时刻也继续出口咖啡豆。酸度较低，口感柔滑醇和，苦味中带着浓烈的醇香。

[豆数据]

品种 波本、帕卡斯、卡杜拉、卡杜阿伊　**精制** 半水洗法
豆目大小 17 以上　**其他** 海拔 640m/ 避荫种植　**推荐烘焙度** 中煎
风味 白糖、香草、绿茶、香料

由于产量减少，稀缺性提高

　　在以杜阿尔特峰为首，海拔2000m 以上群山林立的岛国中，咖啡豆是其产量第二多的农产品。但由于国内生产量有减少倾向，所以出产的咖啡豆主要供国内消费。因为向日本输出的数量不多，所以能够品尝的机会很少。其主要栽培阿杜比卡种咖啡，其中以铁毕卡和卡杜拉为主要品种。

主要栽培的品种	铁毕卡、卡杜拉
收获时期	10 月至翌年 4 月
年生产量	24000 吨

上 / 剥离果肉铁毕卡咖啡豆的情况。
下 / 与其他中美洲国家一样，多米尼加也有很多小规模农场。

著名的咖啡豆

▌诺瓦斯 法米利亚尔 铁毕卡 (Novas Familia Trpica)

　　是在内瓦地区的诺瓦斯农场历经 3 代持续种植的铁毕卡种咖啡豆。苦味与酸味很好地融合，回味留有余甜。

[豆数据]

品种 铁毕卡　精制 水洗法　豆目大小 16 以上　其他 海拔 1300m　推荐烘焙度 浅煎　风味 柑橘、橘子、榛子

甜度／浓度／干净度／稀缺性／香气

▌努埃沃 蒙多农场 卡杜拉 酒味 (Nuevo Mundo Cuturra Winey)

　　努埃沃蒙多农场位于内陆海拔 1400 ~ 1500m 的高地上，不受飓风的影响。此种由 1935 年在巴西发现的卡杜拉天然形成。柔和的甜味与苦味复杂交织，具有极富个性的味道。

[豆数据]

品种 卡杜拉　精制 日晒法　豆目大小 15 以上　其他 海拔 1400 ~ 1500m 遮荫种植　推荐烘焙度 深煎　风味 红葡萄酒、蓝莓、牛奶巧克力

甜度／浓度／干净度／稀缺性／香气

中美洲地区

12　　海地

政局动荡影响咖啡产业

经过 1791—1804 年的革命，海地成为世界上首个由黑人建立的共和制国家。革命以后，国内政局依旧动荡不安，再加之自然灾害的影响，繁荣一时的海地咖啡业衰退。现在，在受到欧美团体的支援下正在恢复过程中。

著名的咖啡豆

COOPACVOD 有机蓝山

是利用 100％有机方法与日阴树栽培法培育出的有机铁毕卡种。这种豆的潜力大，被认为品质不亚于牙买加蓝山种。

[豆数据]

`品种` 蓝山种　`精制` 水洗法　`豆目大小` 16 以上　`其他` 海拔 1200m
`推荐烘焙度` 浅煎　`风味` 坚果、杏仁、黄油

13　　瓜德罗普岛

产量少但品质高的咖啡豆

1721 年与蓝山种同属一流，作为铁毕卡种传播，从此以后这一种类被延续下来。某一时期普向法国内地发送 6000 吨，但由于增税、他国竞争以及叶锈病、飓风等灾害的屡次袭击，产量锐减。

著名的咖啡豆

Bonnibel 农场 瓜德罗普·博尼菲尔 (Guadeloupe Bonifieur)

瓜德罗普岛的瓜德罗普·博尼菲尔品种是与蓝山种同属铁毕卡种。1721 年被带来的铁毕卡种，在自营农场被精心种植。同时具有坚果的香味与柔和的酸味。

[豆数据]

`品种` 瓜德罗普·博尼菲尔（铁毕卡）　`精制` 水洗法　`豆目大小` 16 以上
`其他` 海拔 400 ~ 500m　`推荐烘焙度` 浅煎　`风味` 坚果、吐司、饼干

中美洲地区

B

世界咖啡的巨大产地
南美地区

产量、出口量均为世界第一，从商品咖啡到精品咖啡，在这里能够品尝到各种系列的咖啡豆。其中以巴西、哥伦比亚为代表国家。

南美地区

14　玻利维亚

高品质咖啡豆产地，产量减少

国土大部分都被安第斯山脉占据，海拔 3000m 以上的高地约占 29%。东北部的多雨密林地区咖啡种植业发达。有效利用高地环境而生产出的高品质咖啡豆受到关注，主力产业正朝着古柯种植产业转变，咖啡产量也有所减少。

著名的咖啡豆

▌科帕卡巴纳农场　圆粒 (Copacabaua)

它是位于科迪勒山的科帕卡巴纳农场种植的圆粒咖啡豆，是一种残次品豆基本为零的高品质豆。的的喀喀湖带来的适宜温度以及稳定的气温，使长出的豆同时具有酸味、浓醇以及甜味。

[豆数据]

品种 铁毕卡　**精制** 水洗法　**豆目大小** 13 ~ 14　**其他** 海拔 1350 ~ 1550m 遮荫种植 / 拉丁生物有机认证　**推荐烘焙度** 中煎　**风味** 巧克力、可可豆、杏仁

15 🇧🇷 巴西

以大规模农场为主，世界最大的咖啡生产国

从 1727 年开始种植咖啡，19 世纪 50 年代成为世界最大咖啡生产国，半数以上咖啡都产自规模在 20 ~ 200 公顷的大中型农场中。大型农场被称为 "庄园 Fazenda"，大多使用机械采摘。近年来米纳斯古拉斯州成为最大产地。

主要栽培的品种	波本、新世界、卡杜阿伊、马拉戈吉培、奥巴塔
收获时期	5—9 月
年生产量	3300000 吨

上图 / 圣珠茜庄园 (Santa Jucy) 的黄色卡杜阿伊，豆粒的大小非常引人注目。
下图 / 巴西大农场种植的情形。

南美地区

著名的咖啡豆

大瓦尔任 格兰德农场（Vargem Groude）树上全熟的 SuperBoia

由一家意大利亚人经营的农场。Boia 是一种在树上全熟的特殊咖啡豆，全熟时咖啡果实是乌黑的。从中只筛选出粒大的咖啡豆。完全成熟的豆子具有浓醇与甜味兼备的味道。

[豆数据]

品种 新世界　**精制** 日晒法　**豆目大小** 15 以上　**其他** 海拔 1100 ~ 1250m　**推荐烘焙度** 中煎　**风味** 巧克力、坚果、浆果

甜度・浓度・干净度・稀缺性・香气

Nova Uniao 农场 奥巴塔

Nova Uniao 农场曾在 2016 年圣保罗州杯测竞赛中获胜。奥巴塔是一种新品种，在当地的语言中有着 "非常好" 的含义。在甜的同时可以感受到柑橘的味道以及强烈的口感。

[豆数据]

品种 奥巴塔　**精制** 半水洗法　**豆目大小** 15 以上　**其他** 海拔 800 ~ 900m　**推荐烘焙度** 中煎　**风味** 奶糖、干果、坚果

甜度・浓度・干净度・稀缺性・香气

16 哥伦比亚

豆子品质高且产量居世界第三

　　1730 年左右开始种植咖啡树。于 1927 年设立了 "哥伦比亚咖啡生产者联合会 (FNC)"。由于从生产到流通都实行了品质管理，所以咖啡豆的品质非常高。生产出来的咖啡豆百分百是阿拉比卡种，2016 年的产量居世界第三。

主要栽培的品种	波本、铁毕卡、卡杜拉、马拉戈吉培
收获时期	主要：10 月至翌年 2 月 辅助：4—6 月
年生产量	870000 吨

上 / 哥伦比亚与巴西形成对照，由于地处山岳地带，大多是小规模的农场。

下 / 不是用机器而是人工用手摘的方式来采摘。

著名的咖啡豆

热带套房·宝艺 (Tropical Suite · Bonanza) 日晒

　　是由一家四口共同经营的 12 公顷的小型专业咖啡农场。从 2014 年开始采用日晒的精制方法。这里制作出的卡杜拉有水果的风味以及花的香味，富含果实味道，像浓醇的果汁。

[豆数据]

品种 卡杜拉　**精制** 日晒法　**豆目大小** 15 以上　**其他海拔** 1700 ~ 1750m　**推荐烘焙度** 深煎　**风味** 黑巧克力、番石榴、百里香

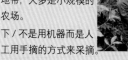

甜度 / 浓度 / 干净度 / 稀缺性 / 香气

Sweet&Flowers

　　位于海拔 1750 ~ 1900m 的高地，是由圣奥古斯丁的 Asogado 组合生产的。黄色波本与卡杜拉杂交品种，品质高，基本看不到瑕疵豆。甜味和醇度都很高。

[豆数据]

品种 黄色波本、卡杜拉　**精制** 水洗法　**豆目大小** 15 以上　**其他** 海拔 1750 ~ 1900m　**推荐烘焙度** 中煎　**风味** 牛奶糖、可可、樱桃、苹果

甜度 / 浓度 / 干净度 / 稀缺性 / 香气

17　加拉帕戈斯群岛

独特环境下培育出的大颗粒豆

加拉帕戈斯群岛是厄瓜多尔所领属的岛屿。1875 年开始传入咖啡豆。当时传入的波本种现在仍然在继续栽培。栽培地都在海拔 200 ~ 400m 的非山地，但岛屿的特殊气候，使得此地形成了与海拔 1000m 高的地方相似的特殊环境，培育出了豆目大小 18 ~ 19 的大颗粒豆。

著名的咖啡豆

▌圣克劳斯岛 古老的波本种

现在的农场主发现了 19 世纪后半叶的古老大农场，又在此重新开始栽培咖啡豆。由于岛屿的特殊气候，可以生产出大颗粒的咖啡豆。豆品上乘，具有水果香味以及红酒的风味，有着清淡的酸味以及浓醇。

18　秘鲁

可持续咖啡引人关注

咖啡传入秘鲁是在 18 世纪的西班牙殖民时期。即使在 300 年后的现在，当时传入的铁毕卡种也仍占到出口栽培品种的 70% 以上。并且，秘鲁是世界上为数不多的具有有机培植认证以及公正贸易认证的咖啡豆出口国。

著名的咖啡豆

▌浣熊屎咖啡

是一种由安第斯山脉拉鲁玛玛尼农场放养的浣熊吃下、消化又排泄出来的咖啡豆。可以说是印度尼西亚猫屎咖啡的秘鲁版。有着柔和的酸味以及上等的甜味。

[豆数据]

品种	铁毕卡、波本、卡杜拉
精制法	浣熊肠胃消化发酵工艺
豆目大小	16 以上
其他	海拔 1578m/ 在棚顶晒干 / 遮荫种植 / 有机 JAS 认证、RA 认证
推荐烘焙度	中煎
风味	坚果、巧克力

C 期待优质豆产量增加
中东、非洲地区

这里是咖啡豆的发祥地,"摩卡""乞力马扎罗山"等地名也已商标化。另一方面,由于此地多为发展中国家,被认为是作为咖啡豆生产地很有成长空间的地区。

中东、非洲地区

19 也门

向世界出口香味深厚的"摩卡玛塔莉"

作为咖啡豆的十分出名的品牌——"摩卡",实际上是也门的外港名称。由于这里曾经将本国产的咖啡豆与埃塞俄比亚产的咖啡豆一同大量发货,所以这个叫法就变成了通称。其中也有作为精品咖啡豆的名气很大、生产于也门西北部的"摩卡玛塔莉"。

著名的咖啡豆

白骆驼(White camel)"摩卡玛塔莉"

"摩卡玛塔莉"采摘于西部山丘地带巴尼巴马塔路。它种植在山势险峻地带的农地,利用日晒法精制。具有独特果实味的摩卡风味,特别是在日本人气非常高。

[豆数据]

品种 Dawairi、Tufahi、Udaini、Burra'i **精制法** 日晒法
豆目大小 14 以上 **其他** 海拔 1000 ~ 2500m **推荐烘焙度** 中煎
风味 红酒、苹果、奶糖、坚果

甜度

香气　　　浓度

稀缺性　　干净度

20 埃塞俄比亚

全国盛行栽培的人气摩卡产地

埃塞俄比亚是阿拉比卡的原产地。由于国土大部分为高地，咖啡得以在广阔的地域种植。虽然也是作为"摩卡"的一部分在市场上流通，但根据栽培地的不同，也有"摩卡哈拉 (Harrar)""摩卡西达摩 (Sidamo)"等不同叫法。近年来，"耶加雪夫(Yirgacheffe)"颇有人气。

主要栽培的品种	埃塞俄比亚本地品种
收获时期	11 月至翌年 2 月
年生产量	396000 吨

上／用于日晒的悬浮露台。

下／由于水资源短缺，精制法多采用日晒法。

中东、非洲地区

著名的咖啡豆

耶加雪夫 G-1 水洗法　雪菲 YIRGACH

是一种在埃塞俄比亚的摩卡中的一种，产自耶加雪夫地区，由于华丽的水果味而备受关注。利用水洗法精制的咖啡豆更加柔软。

[豆数据]

品种 耶加雪夫本地品种　**精制法** 水洗法　**豆目大小** 14 以上　**其他** 海拔 1900～2000m　**推荐烘焙度** 中煎　**风味** 奶糖、茉莉花、柑橘、白糖

甜度／浓度／干净度／稀缺性／香气

耶加雪夫 G-1　日晒法 MHA

是种植在海拔 1700～1800m 耶加雪夫本地品种。经过棚顶 20 天曝晒的咖啡豆具有介于也门日晒品种与中美洲日晒品种之间的味道。

[豆数据]

品种 耶加雪夫本地品种　**精制法** 日晒法　**豆目大小** 14 以上　**其他** 海拔 1700～1800m/ 棚顶曝晒 15-20 天　**推荐烘焙度** 中深煎　**风味** 红酒、干果、巧克力

甜度／浓度／干净度／稀缺性／香气

21 　加那利群岛

只提供少量出口的咖啡豆稀少产地

由西班牙所领属的加那利群岛是由非洲大陆西北部 7 个漂浮在海上的岛屿组成的。只有少数的农家将咖啡豆与其他水果一起进行小型的栽培，几乎只供给岛内消费。

著名的咖啡豆

| 西班牙领属加那利群岛诸州　拉库鲁科巴农场 (La·Koru koba)

是一座少见的在栽培咖啡豆的同时栽种着芒果、木瓜、橘子、葡萄等水果的农场。这里栽培出的豆子有着坚果的芳香，以及热带水果般的甜味与上乘醇厚的苦味相融合的味道。

[豆数据]

品种 铁毕卡　精制法 半日晒法　豆目大小 14 以上　其他 少见的与咖啡一同栽种着芒果、木瓜、橘子、葡萄的农场　推荐烘焙度 中煎　风味 可可树、热带水果

22 　喀麦隆

正在恢复中的咖啡产业

得益于高海拔、火山灰土壤以及丰富水资源的环境，产量曾经超过 230 万袋，但从 20 世纪 90 年代后产量锐减。咖啡产业出现了崩溃。此后，2008 年政府提出了复兴咖啡产业计划，现在正在恢复当中。

著名的咖啡豆

| 卡浦拉米 (Caplami) 爪哇长果咖啡 (Java Longberry)

政府正在推荐适合高地栽培、防病虫害能力强的爪哇品种。百分百纯日晒长成的爪哇长果咖啡口感柔软醇厚，具有花一样的柑橘类风味。

[豆数据]

品种 爪哇　精制 水洗法　豆目大小 16 以上　其他 海拔 1200 ~ 1800m　推荐烘焙度 中煎　风味 香料、巧克力、柑橘

中东、非洲地区

23 🏴 肯尼亚

在非洲诸国中，品质高，近年人气爆棚

　　由于咖啡豆质量好，近年在日本、欧洲大受欢迎。其显著特征是可以品尝出水果酸味与柔和苦味交织后的丰富味道。一年两回采摘期，从 11 月开始的初次采摘能够收获高品质咖啡豆。国家独立设有拍卖机构，具有较强的品质意识。

主要栽培的品种	SL28、SL34、Ruiru11、French mission(法国使命)
收获时期	主要：11 月至翌年 2 月 次要：6—8 月
年生产量	46980 吨

上 / 每周星期二开展拍卖。由国家官方机构进行评级。
下 / 晒干的情形。

中东、非洲地区

著名的咖啡豆

Gachami 工厂

　　是基里尼亚加县的 Baragwi 咖啡生产者组织隶属下的 12 个工厂所生产的精制豆。种植在海拔 1600 ~ 1800m 的高地，为豆目大小 17~18 的大粒豆。百分百天然晒干。

[豆数据]

品种 SL34、SL28　**精制法** 水洗法　**豆目大小** 17 ~ 18
其他 海拔 1600 ~ 1800 米　**推荐烘焙度** 深煎　**风味** 苦味巧克力、柑橘、浆果

甜度・香气・浓度・稀缺性・干净度

Ndaro-Ini 工厂

　　Ndaro-Ini 工厂位于海拔 1600m 的高地。咖啡种植在肯尼亚山脚下，那里气候凉爽，降雨量适度，土壤肥沃，水源充足。为豆目大小 17~18 的大粒豆。

[豆数据]

品种 SL34、SL28　**精制法** 水洗法　**豆目大小** 17 ~ 18　**其他** 海拔 1600m　**推荐烘焙度** 深煎　**风味** 奶糖、巧克力、香料

甜度・香气・浓度・稀缺性・干净度

24 ≡ 佛得角

有机栽培下培育出的高品质豆

佛得角是由西非太平洋上的岛屿构成的共和制国家。咖啡生产主要在福古岛盛行。由于岛全体由活火山构成，在岛上有近百户生产者利用有机栽培的方法在肥沃的土壤上种植咖啡豆。咖啡栽培地的海拔为500~1500m。

著名的咖啡豆

福古岛 莫蒂纽(Mautinho)洗涤场

由于是用手拣方法精心挑选的咖啡豆，所以几乎没有瑕疵豆。有着浆果、柑橘、水果果酱的芳香，口留余甜。享有甜味、明快口感完美均衡，杯测品质好。

[豆数据]

| 品种 | 铁毕卡 | 精制 | 水洗法、日晒法 | 豆目大小 | 15以上 |
| 其他 | 海拔500~1500m | 推荐烘焙度 | 中煎 | 风味 | 花、热带水果 |

---

25 ≡ 刚果民主共和国

在欧美援助下生产量增加

刚果横跨南北半球，拥有可与西欧匹敌的广袤土地。咖啡主要种植在东部的北基伍州、南基伍州。近年，得到欧美国家的支援正在推进精品咖啡的生产，与之相伴的是阿尔比卡种的产量增加。

著名的咖啡豆

卡宏多水洗处理厂

从居住于伊扎勒(Lzale)地区的383户零散农家手中收集咖啡果，在维侬加咖啡公司(Virunga Coffee Company)进行最后的加工。栽种于海拔1600~1800m的高地，全部是有机栽培的咖啡豆。

[豆数据]

| 品种 | 波本 | 精制 | 水洗法 | 豆目大小 | 15以上 | 其他 | 海拔 |
1600~1800m/ 有机栽培 | 推荐烘焙度 | 中煎 | 风味 | 黑莓、巧克力、樱桃 |

26 🏴 布隆迪

支撑经济发展的咖啡业

布隆迪是非洲经济发展落后国。2008 年参与精品咖啡市场的计划。本国经济的前途由咖啡产业担当。近年，拥有切实甜味的布隆迪产的咖啡豆引起市场的关注。国土大部分都在海拔 1500m 以上，隶属热带，但气候比较凉爽，是很适合咖啡豆栽培的环境。

上 / 小规模农户众多的布隆迪。

下 / 各个农户采摘的咖啡果聚集在精制工厂。

主要栽培的品种	波本
收获时期	3—7 月
年生产量	15480 吨

中东、非洲地区

著名的咖啡豆

多佛（Dohorerabarimyi）

由位于乌干达与布隆迪国境交界处的卡扬扎 (Kayanza) 县的多佛组织精制而成。这个组织是于 2012 年在 NGO 团体支援下开设的。品种除波本外，还有 Jackson 种混杂其中。

[豆数据]

品种 波本、Jackson 精制法 水洗法 豆目大小 15 以上
其他 海拔 1850 ~ 1950m 推荐烘焙度 中煎 风味 巧克力、果子露、香料、柑橘

甜度 / 浓度 / 干净度 / 稀缺性 / 香气

普罗卡斯塔水洗处理厂（Procasta）

在位于海拔 1700 ~ 1900m 高地的恩戈齐 (Ngozi) 县恩康达的普罗卡斯塔农场中，附近约有 2000 家咖啡生产者处理加工咖啡豆。拥有花般柠檬酸味以及香料味。

[豆数据]

品种 波本 精制法 水洗法 豆目大小 15 以上 其他 海拔 1700 ~ 1900m 推荐烘焙度 中煎 风味 肉桂、纸、烟、胡桃、巧克力

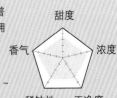

甜度 / 浓度 / 干净度 / 稀缺性 / 香气

27　🇬🇧 圣赫勒拿岛

从 18 世纪便开始进行咖啡栽培，历史悠久的岛屿

以拿破仑一世被囚禁之岛而为人熟知的英属圣赫勒拿岛。从 16 世纪东印度公司掌管行政以来，直到现在都是属于英国的管辖范围。根据东印度公司的记录，此地于 1732 年从也门引入咖啡豆，开始了咖啡的种植。

著名的咖啡豆

竹篱园 (Bamboo Hedge)

竹篱园所在的 Sandy Boy 地区海拔约为 400m，但由于岛屿具有特有的微气候特征，形成了相当于海拔 1000m 以上的环境。经过 4 个月日晒的咖啡果通过人工手拣，基本看不到瑕疵豆。

[豆数据]

| 品种 | 绿尖波本 | 精制 | 水洗法 | 豆目大小 | 15 以上 | 其他 | 海拔 400m |

推荐烘焙度 中煎　风味 柠檬、橘子、蜂蜜

甜度　浓度　干净度　稀缺性　香气

28　🇹🇿 坦桑尼亚

乞力马扎罗山品种的产地

位于非洲最高峰乞力马扎罗山东北部，以同名咖啡豆而为人熟知。品种大多为阿拉比卡种，生豆的颗粒为大粒灰绿色。但是叫作乞力马扎罗山的并不仅仅是乞力马扎罗州生产的咖啡豆，而是坦桑尼亚生产的所有阿拉比卡种都叫这个名字。布科巴 (Bukoba) 地区生产的除外。

著名的咖啡豆

鲁武马 AAA(RuvumaAAA) Romantic Ensemble2016

虽然曾经是商品咖啡豆产地，但从 20 世纪 90 年代后半期建造了高性能的精制工厂以来，可以通过优良的水洗法精制咖啡豆。种植在海拔 1400 ~ 1900m 的冲积层土壤中，其特征是大粒豆。

[豆数据]

| 品种 | 波本 | 精制法 | 水洗法 | 豆目大小 | 18 以上 | 其他 | 海拔 1400 ~ 1900m |

推荐烘焙度 中煎　风味 桃子、橘子、红茶

甜度　浓度　干净度　稀缺性　香气

中东、非洲地区

29　卢旺达

奇迹中生长出来的高品质豆

与坦桑尼亚和乌干达相邻，国土大部分在海拔 1000 ～ 2000m 之间。咖啡和茶都是支撑国家经济的主要农作物，受到 1994 年种族大屠杀的影响，产量曾下降到了最盛时期的一半以下。但是，近些年这里的高品质豆备受瞩目，产量得到了大幅度回升。

上 / 卢旺达的水洗情况。
下 / 把重的生豆袋扛在脑袋上搬运。

主要栽培的品种	波本
收获时期	3—6 月
年生产量	13000 吨

中东、非洲地区

著名的咖啡豆

阿巴通齐庄园（Domaine Abatunzi）

1904 年由德国传教士带入了波本种，在当地被叫作 "ikawandende"。有些类似于柠檬的柑橘类香味以及奶糖的甜味，口感温和。

[豆数据]

`品种` 长粒种波本 `精制` 水洗法 `豆目大小` 15 以上 `其他` 海拔 1750m `推荐烘焙度` 中煎 `风味` 玫瑰、红茶、橘子

甜度
香气　浓度
稀缺性　干净度

茨亚因达 Cyahinda CWS

位于海拔 1600 ～ 1900m 的尼安萨卢布鲁省 (Nyanza Rabuvu)，于 2015 年创立的 Cyahinda 水洗处理厂，从周边散户手中购买咖啡果进行精制。生产出的咖啡豆有水果味清香、奶油般丝滑以及精炼的酸味。

[豆数据]

`品种` 波本 `精制法` 水洗法 `豆目大小` 15 以上 `其他` 海拔 1600 ～ 1900m `推荐烘焙度` 中煎 `风味` 杏、樱桃、蜂蜜

甜度
香气　浓度
稀缺性　干净度

30 🏴 马拉维

虽然环境适宜栽种，但栽培量很少

国土大部分位于高地，气候凉爽，几乎全国范围内都种植咖啡。但是，从咖啡产业出口总额来看，出口数量少得可怜。从 1992 年创造出口最高纪录 8160 吨以来就一直呈现下降的趋势。栽培的品种中还含有发源于埃塞俄比亚的瑰夏 (Geisha)。

著名的咖啡豆

▍密苏库山 (Viphya Hills) 农业协会 肯加村 (Khanga)

密苏库山农业协会 从肯加村 (Khanga) 的小规模种植农户手中收购咖啡豆进行精制。这里出产在海拔 1500 ～ 1900m 高度上种植出的大粒豆。有公正贸易认证，味道十分均衡。

[豆数据]

`品种` 瑰夏、S 阿加罗 (Agaro)、卡蒂姆 (Catimor)、新世界 (Mundo Novo) `精制` 水洗法 `豆目大小` 18 以上 `其他` 海拔 1500 ～ 1900m 公正贸易认证 `推荐烘焙度` 中煎 `风味` 奶糖、橘子、巧克力

---

31 🇿🇦 南非

几乎不在市场上流通的十分稀少的咖啡豆

南非位于非洲大陆的最南端，除沿海地区外全是高地，温差非常大。现在基于商业目的生产咖啡豆的只有 Beaver Creek 农场。虽然几乎不在市面上流通，但由于品质高而广受关注。

著名的咖啡豆

▍比韦尔格里克农场（Beaver Creek）

该农场位于海拔 215m 地区，作为观光农场，年访问人数达 5 万。咖啡种植始于 1984 年。豆目大小为 18 以上的大颗粒豆，通过日晒晾干，现在年产量达 8 ～ 12 吨。

[豆数据]

`品种` SL28 `精制` 水洗法 `豆目大小` 18 以上 `其他` 海拔 215m 10% 遮荫种植 `推荐烘焙度` 中煎 `风味` 青苹果、葡萄酒、坚果

中东、非洲地区

D 最后的咖啡国度

亚洲、大洋洲地区

这里是拥有进入咖啡生产国前十位的越南、印度尼西亚、印度的一大咖啡产地。大部分是商品咖啡，但也期待着精品咖啡的繁荣。

亚洲、大洋洲

32 🇨🇳 中国

作为高品质豆的大规模生产地而备受关注

中国作为大规模生产地正受到大制造商们的关注。现在，主要产地集中在云南省。与亚洲其他大多数地区主要种植罗布斯塔种不同的是，在云南种植的是阿拉比卡种。在各大制造公司的投资下，每年生产量都大幅度提升。

著名的咖啡豆

▍西双版纳 野象谷

是一种由离缅甸很近的云南省孟连的少数民族采摘的咖啡豆。卡蒂姆种种植在有野生亚洲象造访的自然环境优渥的地区。

[豆数据]

品种 卡蒂姆 精制 水洗法 豆目大小 16 以上 其他 海拔 1000m
推荐烘焙度 中煎 风味 药草、红茶、黑糖

甜度 / 香气 / 浓度 / 稀缺性 / 干净度

33 ● 日本

部分地区栽培着日本本国产的咖啡

日本从明治时期开始了咖啡的栽培。现在主要在冲绳本土、石垣岛、德之岛、小笠原博尼岛等地栽培。但是，日本列岛被排除在咖啡种植带之外，加之台风等天气情况也有很大的影响，离确保稳定的生产量之间还有较大距离。

著名的咖啡豆

小笠原博尼岛（Bonin Island）咖啡

很难大规模种植，收获量不足以支撑在市场上上市销售，只是作为岛内的土特产来销售。中煎过后会散发出类似于巧克力和红酒的味道。

[豆数据]

品种 新世界 **精制** 日晒法 **豆目大小** 不明 **推荐烘焙度** 中煎
风味 巧克力、红酒、饼干

34　🇺🇸 夏威夷

在特殊气候中生长的科纳品种 (Kona)

　　在夏威夷岛科纳地区种植的铁毕卡种 "夏威夷科纳" 非常有名。当地海拔只有 600m 左右，但由于气候特殊，拥有与高地同样的环境。由于颗粒较大，按照顺序分为特好 (extra fancy)、好 (fancy) 以及 NO.1 三个等级。夏威夷岛以外地区也种植着咖啡，茂宜岛 (Maui)、卡瓦宜岛 (Kauai) 等地也出产高品质的咖啡豆。

主要栽培的品种	铁毕卡
收获时期	10 月至翌年 3 月
年生产量	2700 吨

上 / 通过手摘进行收割的夏威夷科纳农场。
下 / 夏威夷科纳最早的格林威尔农场 (Greenwell)。

亚洲、大洋洲地区

著名的咖啡豆

夏威夷岛科纳 格林威尔 特好咖啡豆

　　夏威夷最早的农场格林威尔。近年，由于科纳咖啡的无等级售卖，甄选需要费很大工夫的特好咖啡豆锐减。这其中都是豆目大小在 19 以上的大颗粒豆。

[豆数据]

品种 铁毕卡　**精制** 水洗法　**豆目大小** 19 以上　**其他** 海拔 400 ~ 800m　**推荐烘焙度** 中煎　**风味** 蜂蜜、茉莉花、甜瓜、牛奶巧克力

甜度／浓度／干净度／稀缺性／香气

夏威夷岛卡乌地区 (Kau) 卡乌咖啡农场 特好豆

　　夏威夷岛南部，卡乌地区的卡乌咖啡农场虽然不是位于海拔 400 ~ 800m 的高地，但这里栽种的铁毕卡的大小可以达到豆目大小 19 以上。

[豆数据]

品种 铁毕卡　**精制** 水洗法　**豆目大小** 19 以上　**其他** 海拔 400 ~ 800m　**推荐烘焙度** 中深煎　**风味** 杏、橘子、牛奶巧克力

甜度／浓度／干净度／稀缺性／香气

271

35　🇦🇺 澳大利亚

今后备受期待的咖啡种植新兴国

　　澳大利亚的咖啡种植可追溯到 19 世纪 80 年代，但以商业为目的生产咖啡豆是从 20 世纪 80 年代开始的。现在，从昆士兰州 (Queensland) 到新南威尔士州 (New South Wales) 的东海岸都在种植咖啡。合理利用广阔、平坦的土地，少量的工作人员便可进行机械采摘。

著名的咖啡豆

山顶农场 (Mountain Top)

　　海拔 300 ~ 400m 的低地却拥有如同适宜咖啡栽种的 1200m 地带一样的环境。栽种品种是从肯尼亚品种中挑选出来的 K7。等到完全成熟需要经过很长的时间，兼备巧克力的风味以及水果的香味。

[豆数据]

品种 K7　**精制** 半水洗法、日晒法　**豆目大小** 18 以上　**其他** 海拔 300 ~ 400m　**推荐烘焙度** 中煎　**风味** 柠檬、橘子、麝香葡萄、黑巧克力

36　 新喀里多尼亚

由于气候不好，减少至只有一个农场

　　咖啡是 19 世纪后半叶从法属留尼汪岛 (波旁岛) 传到的新喀里多尼亚，原来曾有多家农场生产咖啡豆，但由于连年干旱都转向了收益更好的镍产业。现在，只有 Ida-Marc 农场在进行咖啡种植。

著名的咖啡豆

Ida-Marc 农场

　　是由法国移居至新喀里多尼亚的夫妇开设的农场。雷洛伊 (别名波本尖身) 是阿拉比卡的一种，它的特点是两头尖身子小，由于只在新喀里多尼亚唯一的农场栽培，所以非常稀少。

[豆数据]

品种 雷洛伊　**精制** 水洗法　**豆目大小** 13 ~ 14　**其他** 海拔 350 ~ 400m　**推荐烘焙度** 浅煎　**风味** 牛奶、黑巧克力、柑橘、坚果

37 印度尼西亚

从高品质咖啡豆到商品咖啡的生产

　　2016 年的生产量居世界第 4 位，是世界上屈指可数的咖啡生产国之一。特别是苏门答腊岛北部的曼特宁非常有名。另一方面，由于 19 世纪后半叶受到叶锈病的影响，印度尼西亚替换种植了抗病虫害能力更强的罗布斯塔种。现在生产出来的咖啡豆大多是作为商品咖啡进行流通。

主要栽培的品种	Aten、Jumber、Gayo Mountain Onan Gajang
收获时期	赤道以南：5—11 月 赤道以北：10 月至翌年 3 月
年生产量	689460 吨

上 / 遮荫种植下的咖啡豆。

下 / 几乎全部是小规模的农户徒手采摘。

著名的咖啡豆

▌苏门答腊岛曼特宁 苏门答腊老虎 (Sumatra Tiger)

　　从苏门答腊岛小规模农场中收集豆目大小 19 以上的大粒曼特宁。由于是人工手拣，几乎不会混入瑕疵豆。利用苏门答腊式湿刨法将生豆干燥进行精制，拥有独特的香味和醇度。

[豆数据]

品种 Aten、Jumber、Onan Gajang　**精制** 苏门答腊式湿刨法

豆目大小 19 以上　**其他** 海拔 1400m　**推荐烘焙度** 深煎

风味 热带水果、巧克力、浆果

甜度 / 香气 / 浓度 / 稀缺性 / 干净度

▌苏门答腊岛 猫屎咖啡 灵猫的馈赠

　　是栖息在亚齐州 (Aceh) 塔肯公 (Takengon) 市内种植园的麝香猫食用无农药全熟的咖啡果之后排出体内的东西。在巴厘岛被叫作鲁瓦克 (Kopi Luwak) 咖啡，在苏门答腊岛被叫作猫屎咖啡。具有独特的甘甜清香。

[豆数据]

品种 Aten、Jumber 为主　**精制** 经麝香猫肠胃消化发酵而成

豆目大小 14 ~ 19　**推荐烘焙度** 中煎　**风味** 巧克力、奶糖、药草

甜度 / 香气 / 浓度 / 稀缺性 / 干净度

273

38 　巴布亚新几内亚

咖啡为主要产业之一

由将近 10000 个岛屿构成的巴布亚新几内亚，新几内亚岛种植着从牙买加引入的铁毕卡种和从坦桑尼亚引入的波本种，再加上新世界和卡杜拉的传入，现在，咖啡成了仅次于棕榈油的第二大出口农作物。

著名的咖啡豆

普罗萨森林 (Prosa) M19GP

是一座取得了澳大利亚 NASAA 有机认证的农场。栽种着牙买加蓝山 (铁毕卡) 和坦桑尼亚的阿鲁沙 (波本)。拥有着水果味的浓醇芳香、强烈的酸味和可可似的浓醇。

[豆数据]

品种 铁毕卡、波本、阿鲁沙 (Arusha)　**精制** 水洗法　**豆目大小** 18 以上　**其他** 海拔 1500 ~ 1600m/ 澳大利亚有机认证 (NASAA)　**推荐烘焙度** 中煎　**风味** 药草、蜂蜜、牛奶巧克力、可可

39 　东帝汶

在海外非政府组织 (NGO) 协助下强化的有机咖啡

19 世纪前半叶传入阿拉比卡种，进行不使用农药的细致生产。从 1975 年开始，由于持续的独立战争导致咖啡产业停滞。近年来，有机栽培的咖啡引起了关注，成了复兴的助力。

著名的咖啡豆

勒特福后郡 (Letefoho)10 马里亚诺 (Mariano)

在海外非政府组织支援下生产出的和平咖啡 (Peace)。从 2003 年的 35 家咖啡农场到现在已经有 600 家以上参与其中。在该团体的技术指导下，咖啡豆的品质急剧上升，取得了 JAS 有机认证。

[豆数据]

品种 铁毕卡　**精制** 水洗法　**豆目大小** 16 以上　**其他** 海拔 1500m/ JAS 有机认证　**推荐烘焙度** 中煎　**风味** 黑巧克力、樱桃、奶糖

40 🇳🇵 尼泊尔

在喜马拉雅山栽培的高品质阿拉比卡种

尼泊尔是从 21 世纪以来开始真正出口咖啡的，是 21 世纪以来的新兴生产国之一。在喜马拉雅的山脚栽培高品质的阿拉比卡种。在昼夜温差极大的环境中，生产出了拥有浓厚味道的喜马拉雅咖啡。

著名的咖啡豆

安纳普尔纳 (Annapurna)

位于海拔 800 ~ 1200m 的尼泊尔中部卡斯基郡 (Kaski)，从 33 个农场生产者手中收集的咖啡豆。醇度很高，酸味和甜味较弱。非常适合搭配牛奶。

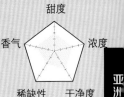

[豆数据]

品种	铁毕卡、黄色卡杜拉
精制	水洗法
豆目大小	15 以上
其他	海拔 800 ~ 1200m
推荐烘焙度	中煎
风味	巧克力、香草、榛子

专栏

特殊的咖啡豆

在树上生长到全熟的豆子
——Poia Coffee

是一种在咖啡果变成红色成熟状态不采摘，而是在树上长到熟透了变成全黑程度的咖啡豆。由于是自然成熟的，拥有着相异于按照普通顺序采摘的咖啡豆的醇度和甘甜。但是由于这种生产方法会对树木产生较大负担而导致产量降低，所以产量比较少。

别名"灵猫的馈赠"
——猫屎咖啡

印度尼西亚的麝香猫喜欢吃成熟的咖啡果。由于体内无法消化咖啡果的种子部分，只能完整地排出。收集这些种子，洗干净脱壳之后就变成了一种咖啡豆，作为"猫屎咖啡"流通在市面上。经过麝香猫肠内微生物的发酵，成为拥有独特的香味和口味的咖啡豆，价格昂贵。

亚洲、大洋洲地区

41 ★ 缅甸

举国推行咖啡增产计划

19 世纪后半期开始种植罗布斯塔种咖啡豆。1930 年开始种植阿拉比卡种咖啡豆, 现在的生产量的比例是阿拉比卡种 70%, 罗布斯塔种 30%。在以肥沃红土为主的适合咖啡栽培的环境中, 正在推行着增产计划。期待着今后优质阿拉比卡种的产量增加。

著名的咖啡豆

彬乌伦 (Pyin Oo Lwin)

1930 年在掸邦高原开始种植阿拉比卡种咖啡豆, 近年终于扩大了种植面积。由于肥沃的红土以及适度的降水, 蕴藏着生产出高品质豆的可能性。其特征为坚果系的清香以及水果味。

[豆数据]

品种 SL34、S795 **精制** 水洗法 **豆目大小** 15 以上 **其他** 海拔 1000 ~ 2000m **推荐烘焙度** 中煎 **风味** 榛子、木莓

甜度 香气 浓度 稀缺性 干净度

42 ▶ 菲律宾

以罗布斯塔为中心的少量栽培

从 1740 年开始咖啡的生产, 此时成了世界性的生产地。但是由于 1889 年受到叶锈病的冲击, 后来更换种植了抗病性更强的品种。另外, 由于现在还残存着数量稀少的利比里卡种等, 备受咖啡粉丝们的关注。

著名的咖啡豆

卡拉森甜豆 (Kalasan Sweet)

当地称之为甜咖啡 (Sweet Coffee) 的稀少品种。生长在棉兰岛上的一座火山上, 在原生的严酷自然环境中, 由 TaraAndigg 族的 10 户农家采摘的咖啡豆。其特征为豆粒小而细长。

[豆数据]

品种 卡拉森甜豆 **精制** 水洗法 **豆目大小** 14 以上 **其他** 海拔 1500 ~ 1900m **推荐烘焙度** 中煎 **风味** 佛手柑、蜂蜜、香蕉

甜度 香气 浓度 稀缺性 干净度

43 🇮🇳 印度

拥有古老历史的印度咖啡豆

说到印度，大家就会想起红茶，但其实印度的咖啡也有着悠久的历史。17 世纪，印度的修行僧将也门寺院内禁止带走的咖啡豆拼死带回自己的国家进行传播。栽培品种主要为阿拉比卡种。通过水洗法精制的咖啡豆有细微的酸味和醇度。

著名的咖啡豆

恒河 SC11

栽种在作为印度咖啡发祥地的农场，由于年平均有 16 ~ 32℃的大幅度温差，可生产出优质的咖啡豆。深度烘焙会有葡萄干的风味。

[豆数据]

品种 强卓吉里 (Chandragiri)(微拉萨齐 Villa Sarchi× 东帝汶杂种 Timor Hybrid) **精制** 半日晒法 **豆目大小** 16 以上 **其他** 海拔 1250m **推荐烘焙度** 中煎 **风味** 红酒、葡萄干、苦咖啡

（甜度、香气、浓度、稀缺性、干净度）

44 🇹🇭 泰国

达昌 (Doi Chaang)、达滕 (Doi Tung) 咖啡

咖啡作为曾经繁盛的罂粟的替代作物，由泰国王室引进到泰国。从泰国全国来看，品种居多的是罗布斯塔种。精品咖啡阿拉比卡种在泰国北部种植，特别是达昌、达滕两个区域非常有名。

著名的咖啡豆

达昌 (Doi Chaang) 宇佐美农场 卡蒂姆

达昌是泰国高品质咖啡的生产地之一。由环境历史学者宇佐美博邦担任农场主。他提高了当地山丘民族收入，并现场指导环境保护。百分百自然晒干。

[豆数据]

品种 卡蒂姆 **精制** 水洗法 **豆目大小** 16 以上 **其他** 海拔 1200 ~ 1600m **推荐烘焙度** 中煎 **风味** 香料、巧克力、杏

（甜度、香气、浓度、稀缺性、干净度）

咖啡用语词典

●

以拼音的顺序总结的与咖啡相关的重要用语

阿拉比卡种

咖啡的3种原料之一，精品咖啡的主要品种。生长在高海拔地区，对病虫害抵抗力弱，与罗布斯塔种相比，栽培更费力。

巴西

指的是巴西联邦共和国的咖啡豆。具有适度的苦味和柔和口感，无明显特性，也可作为混合饮品的基底。

半日晒法

精制方法的一种。打浆机除去果肉，保留羊皮纸的状态日晒，之后脱壳加工成生豆。

半水洗法

精制咖啡的方法。用分离机除去咖啡果的果肉后，用机器除去果胶层，最后干燥脱壳的方法。

爆

烘焙中发出的豆的破裂声，分为一爆、二爆。

杯测表

进行杯测时的记录用纸。

杯测

检测咖啡品质的方法。在日本，有两大主流团体，即 SCAJ、SCA。

杯测师

进行杯测的人。

波本

阿拉比卡种的两大原生品种之一。与产量微小的铁毕卡相比产量较大，与其他品种相比产量少。特点是颗粒大，口感香甜醇厚。

剥离果肉

用打浆机去除采摘的咖啡果的果肉。

采收

一年以内收获的豆叫新豆，前年收的豆叫旧豆，两年以上收获的豆叫老豆。一年两次收获时，第一次收获咖啡豆叫主收，第二次收获咖啡豆叫辅收。

278

茶沫

意式浓缩咖啡表面可见的茶色气泡。溶于咖啡豆的碳酸气体聚集的样子。

沉浸式

咖啡粉用水浸透而萃取出其成分的方法。因为不用滴滤技术，即使初学者也可以制出稳定的美味。

纯咖啡

不混合，用单一品种咖啡豆冲泡的咖啡。

脆皮

烘焙中，生豆脱落的薄皮。

单一起源

生产地、农场、品种、精制方法、收获时期等细分的特定的咖啡豆。

滴滤式

使热水通过咖啡粉进行萃取的方法。有滤纸滴滤式和法兰绒滴滤式两种。

第二次咖啡浪潮

发生于 20 世纪 80—90 年代，重视咖啡豆风味的西雅图系咖啡连锁店在世界上兴起并风靡全球。

第三次咖啡浪潮

2000 年开始在美国掀起的咖啡热潮。使用

单独售卖的精品咖啡，目标是认真沏好每一杯咖啡。

第一次咖啡热潮

19 世纪后半期至 1970 年，大量生产和流通廉价咖啡的时代。

点滴萃取法

一边滴水一边萃取咖啡的方法。也叫慢滴法。

豆目大小

生豆的尺寸越大，品质越高。

法兰绒滴滤法

使用专用的法兰绒来滴滤的方法。比起滤纸滴滤，味道更醇厚浓烈。

法式烘焙（french roast）

深度烘焙的一种，苦味很强。

法压壶

由法国研发，在欧洲很普及的一种萃取器具。用水浸泡粉即可萃取咖啡的简便性是其魅力之所在。

非洲床

精制、晒制咖啡果和羊皮纸（也叫果皮）时使用的器物，在非洲被这样称呼。

干净度

评价咖啡品质用语。指的是无杂味，口感单纯。

哥伦比亚

哥伦比亚共和国产的咖啡豆。酸甜苦味的平衡配比出色的口感。

跟踪性

追溯农作物由来的可能性。知晓产品在哪

个农场如何生产的。

公平贸易认证咖啡

可持续咖啡的一种。即使市场价格下降，中间商也能保证咖啡价格高于最低的公平价格。

瑰夏

起源于埃塞俄比亚的稀少野生品种。如花般的清香和柑橘味的口感是其魅力所在。2004 年，在巴拿马的拍卖上初露头角。

果胶层

咖啡豆（生豆）表面覆盖的羊皮纸周围含糖分的黏质物。

夯实

放入意式浓缩咖啡过滤器中的粉，用附带的夯具压实。

烘焙管理（roast profile）

在烘培的各阶段，精细地控制温度。

烘焙后混合

制作混合咖啡的方法之一，将每种咖啡豆烘培之后混合。

烘焙师

把生豆状态的咖啡烘培成焙烧豆的手艺人。根据烘焙方式的不同，味道变化明显。

虹吸壶

从医疗用品获得灵感而发明的咖啡机。将烧瓶内的水煮沸，高温短时间内萃取出咖啡。

候鸟咖啡

可持续咖啡的一种。进行有机栽培，森林中有 11 种以上的树木，并且高 15m 以上的占 20%，高 12m 以上的占 60%。生长在此地的咖啡才能被认证为候鸟咖啡。

胡卢巴碱

咖啡生豆所含成分之一。加热后变化成"烟酸"和"NMP"。烟酸预防中性脂肪的增加，NMP 有很强的抗氧化作用。罗布斯塔种没有阿拉比卡种胡卢巴碱含量多。

黄咖啡果

指的是非红色，变成黄的咖啡果。

混合咖啡

与单品咖啡不同，混合了两种以上的咖啡豆。

急冷式

沏冰咖啡的方法之一。有在咖啡杯中先加入

冰，再进行滴滤咖啡的方法，也有把萃取出的咖啡直接注入加有冰的玻璃杯的方法。

精品咖啡

食品流通路径明确的最高级的咖啡豆，流通量少。

精品咖啡协会

1982 年美国设立的咖啡团体 SCAA 在 2017 年和欧洲 SCAE 统一后的名称。

咖啡带

指的是适合咖啡栽培地区的名称。主要是南回归线到北回归线之间的范围。

咖啡典礼

与普通茶道一样，把咖啡饮用仪式化。埃塞俄比亚和厄立特里亚国的风俗习惯。

咖啡风味轮

用来判断咖啡风味的参考用圆形图表。

咖啡机

电动咖啡机器。主要是滴滤式和密封式的。

咖啡滤纸

滴滤时使用的专用滤纸。

咖啡品鉴师

由 CQI（国际咖啡品质鉴定协会）认证的专业咖啡品质鉴定师。日本持有此项认证的不足 10 人。

咖啡师

掌握咖啡知识和基本技能的技术人员。

咖啡树

咖啡植物的名称。分类属于 "龙胆目茜草科"。咖啡树上结的果实的种子是咖啡豆（生果）。

咖啡因

咖啡的一种成分。有提神、提高代谢、帮助燃烧脂肪、抑制炎症的作用。比起阿拉比卡种，罗布斯塔种咖啡因含量更高。

咖啡樱桃（咖啡果）

咖啡树的果实。因为果实像红色的樱桃一样，所以这样称呼。

咖啡专家

在咖啡店工作，提供以浓缩咖啡为主的咖啡饮品的从业人员。

卡布奇诺艺术

使用茶沫和奶泡在咖啡上画画或写字。与拿铁相比，风味调配的方法更多。

卡杜拉

波本的变异品种。由于是铁毕卡近 3 倍产量，在中南美被人们广泛栽种。有着优质的酸味和苦味。

可持续咖啡

从自然和生产者方面看，都是在为了生产可持续的稳定的咖啡而努力的情景下生产出的咖啡豆。

拉花艺术

杯中加入奶泡，描绘心形和树叶形等图案的一种手法。

蓝山

牙买加的蓝山地区生产的咖啡豆。富有香气，有清爽的口感。

肋拱

滤杯内的导流槽。根据制造商不同，肋拱的形状和高度也不同。

冷泡式

咖啡粉浸泡在冷水中，花费一定时间萃取咖啡的方法。制成的咖啡口感柔和。

利比里卡种

可以在低洼地、平地栽种，抗干旱、抗病虫害能力强。消费量少，主要在欧洲被消费。不在世界咖啡市场中流通。

罗布斯塔种

与阿拉比卡种相比，可生长在海拔低的地区，抗病虫害能力强，果实品质优良。多被用于生产速溶咖啡和混合咖啡。

绿豆

咖啡的生豆。由于新鲜的生豆是深绿色的，所以这样称呼。

绿原酸

咖啡豆所含的成分之一，也被称为"多酚"。可防止细胞老化，延缓糖分吸收，抑制食后血糖上升。比起阿拉比卡种，罗布斯塔种的绿原酸含量更高。

滤纸滴滤式

1908 年，法国梅丽塔夫人发明的滴滤方式。放置滴滤专用的滤纸，放入咖啡粉后注水萃取咖啡的方法。

曼特宁

印度尼西亚的苏门答腊岛采摘的阿拉比卡种。具有动人心弦的口味，酸味少，口感醇厚，有苦味。

猫屎咖啡

麝香猫吃下成熟的咖啡果后把咖啡豆原封不动地排出，人们把它的粪便中的咖啡豆提取出来之后进行加工。因其独特的风味，非常珍贵。

摩卡壶

直火萃取咖啡的咖啡机。有类似意式浓缩咖啡的醇厚口感。

摩卡

也门共和国的摩卡、马塔里，埃塞俄比亚联邦共和国产的摩卡哈拉、摩卡西达摩的总称。因为它们曾经混合后从也门的摩卡港出口，所以统称为"摩卡"。总体来说有果酸和浓郁的香气。

奶泡

牛奶经过搅打后形成的一层泡沫。制作拿铁和卡布奇诺等风味饮品时使用，也用于拉花艺术和卡布奇诺艺术。

牛奶咖啡

受欢迎的花式咖啡。使用滴滤式咖啡和牛奶以 1∶1 的比例混合配制。

平豆

一般销售的咖啡豆。咖啡果的种子（生豆）通常是两个紧贴在一起生长，有一面很平整，所以被称为"平豆"。

乞力马扎罗山

指塔桑尼亚产的阿拉比卡咖啡。特征是色泽鲜艳（除布科巴地区产以外），带果酸和甘苦的香气。

热风式

给加入咖啡豆的滚筒通热风烘焙的方法。

日晒法

精制方法之一。采摘的咖啡豆不用水，直接日晒干燥脱壳的方法。也称干燥式。

软水

1mL 水中碳酸钙的含量在 100mg 以下的水。不影响咖啡的味道。滴滤时适用矿物质成分少的软水。日本的自来水和矿物质水基本都是软水。

筛选漂浮物

精制工序之一。把采摘的咖啡果放入水槽中，除去漂浮的未成熟咖啡豆。

商品咖啡

从纽约市场引进，超市经常大量售卖的消费型咖啡豆。

深烘焙（Fullcity roast）

深度烘焙的一种，略有苦味，也叫中度烘焙。

渗透式

水倒入咖啡粉中，渗透进去，提炼咖啡的方法。由于注水方式不同，口味也会有变化。

生豆

烘焙前的咖啡豆，也叫绿豆。

手冲壶

滴滤时使用的专用壶。注水口细长，前端有宽度，可以让水流细小缓慢地注入。

手工筛选

用手筛选咖啡豆。精制后，除去有瑕疵的咖啡豆或者烘焙后除去不完美的咖啡豆。

水洗法

一种精制方法。用水将收获的咖啡果的果肉和果胶层除去，使其干燥的脱壳方法。也叫水洗式。

苏门答腊式

曼特宁产地印度尼西亚的苏门答腊岛的咖啡精制法。除去咖啡果的果肉，通常干燥到水分值为 10%~11%，再将其脱壳 50%，最后进行日晒做成生豆。

铁毕卡

阿拉比卡的两大原生品种之一。生产性不高，口味却很好。因其具有上乘清爽的酸味、醇厚的口感和花一样的香气而备受欢迎。

脱壳

精制时，除去羊皮纸和银皮，取出生豆的过程。

完熟豆

树上完全成熟的咖啡豆。味道很甜，但是会给咖啡树带来负担，不会经常出现。

危地马拉

危地马拉共和国生产的咖啡豆。其中"安提瓜"咖啡品质最高。其香甜醇厚，回味无穷。

细粉

磨咖啡豆时出现的细粉，是咖啡味道浓郁的原因。

细砂糖

精炼程度高、颗粒细小的砂糖，因为性状稳定、易溶解，所以加入咖啡中不会损坏其原有的风味。

瑕疵豆

给咖啡香气带来不好影响的、不能使用的咖啡豆。

夏威夷科纳

种植在夏威夷岛科纳地区的咖啡豆。特征是略有苦味，有爽口的酸味和甜甜的香气。

香气

咖啡的香气。

研磨机

研磨咖啡豆的工具。有手动和电动的两种，粉碎原理各不相同。

羊皮纸

覆盖在包裹咖啡果的种子（生豆）的银皮外的一层硬皮。

伊尔加提菲

埃塞俄比亚联邦民主共和国产的咖啡豆。种植在西达摩地区。19 世纪 20 年代末期因为品质上乘广为人知。加入酸味后更加爽口，淡淡的果香令人耳目一新。

意式烘焙

烘焙程度之一。最高级的深度烘焙。

意式浓缩咖啡

用专用的咖啡机，利用高压瞬间制出咖啡的方法。可以尝到咖啡豆原本的美味。

银皮（种子表皮）

咖啡果的种子（生豆）周围覆盖的薄皮。

直火式
加入咖啡豆的圆形容器直接在热源上加热的烘焙方式。

质感
表现口味的用语之一。关于醇厚、有重量、有深度等描述，总的来说都可以用"有质感"来表达。

中烘焙（medium roast）
中度烘焙的一种。酸味很强。

中深焙（high roast）
中度烘焙的一种。接近轻度烘焙，酸味很强。

中深烘焙（city roast）
中度烘焙的程度之一。苦味和酸味达到较好的平衡。

卓越杯
每年由卓越咖啡联盟(ACE)举办的精品咖啡品鉴竞赛。

硬水
1L 水中镁和钙的含量超过 120mg。用硬水沏咖啡能挥发咖啡的苦味，可用于意式浓缩咖啡。
用手筛选咖啡豆。精制后，除去有瑕疵的咖啡豆或者烘焙后除去不完美的咖啡豆。

有机咖啡
可持续咖啡的一种。生长中不使用合成杀虫剂、除草剂和化学肥料的咖啡。

预混合
混合的手法之一。生豆状态下混合两种以上的咖啡豆，只烘焙一次。

圆豆
咖啡果的种子（生豆）通常有两个"平豆"，也有只有一个圆种子的情况，那个种子就是圆豆。

栽培地特性
法语中土地的意思。原本是红酒用语，表示当地独特的气候和土壤。

遮荫树
栽培咖啡树的时候，为了避免日光直射而栽种的树。

协助监修者

介绍本书的各位协助监修者

栢沼良行
Kayanuma Yoshiyuki

PART1 P.56~75

主要经营中美洲精品咖啡的烘焙专门店的负责人。以"从农场到一杯咖啡"为信条，实行直接从产地的购买、烘焙到销售的一贯制服务。

上吉原和典
Kamiyoshiwara Kazunori

PART1 P.16~53，PART5 P.242~277

是"美国通商"咖啡部的负责人。该公司主要销售各类农产品和食品，从世界各地进口精品咖啡进行销售。他是精通世界各地咖啡的专业人士，日本咖啡文化学会理事。

咖啡 Syphon
Coffee Syphon

PART2 P.106~109，P.118~123

该公司创立于1925年，主要业务为咖啡器具的制造、销售以及咖啡豆的烘焙、销售。生产的性能卓越的滤杯和虹吸壶拥有众多粉丝。

黑田悟志
Kuroda Satoshi

PART2 P.78~105,P.134~139,P.146~149,
PART4 P.188~197,P.216~217

日滴公司（Day Drip Company）创始人。为宣传优质咖啡的魅力而创立了自己的品牌。主要开展咖啡豆的烘焙、销售，开办滴滤研讨会等与咖啡相关的各种活动。

NOZY COFFEE
Nozy Coffee

PART2 P.124~131,P.140~145,
PART4 P.200~215

单一产地咖啡专门店。为了让人享用到咖啡的本来味道，不进行混合，只提供单一产地的咖啡。同时也开展烘焙、杯测、拉花等与咖啡相关的各种活动。

但马屋咖啡店
Tajimaya Coffee ten

PART2 P.110~113,PART4 P.198

坐落在东京新宿的咖啡店。严选世界各地咖啡豆，自己用直火式烘焙机进行烘焙。为顾客提供的每一杯咖啡均为法兰绒滴滤式咖啡。

YAMAMOTO COFFEE 店
Yamamoto Coffee Ten

PART4 P.199

创立于1964年的新宿老字号咖啡店。主要销售各种单品咖啡的烘焙豆、混合咖啡豆。此外也销售研磨机、虹吸壶、意式浓缩咖啡机等与咖啡相关的各种器具，同时也向酒店和咖啡厅配送咖啡。

UNLIMITED COFFEE BAR
Unlimited Coffee Bar

PART3

一家坐落于东京天空树附近的咖啡店。主要销售单一产地的精品咖啡和咖啡鸡尾酒。店里拥有在世界大会上获奖的咖啡师，也是外国游客经常光顾的咖啡店。

冈希太郎
Oka Kitaro

PART5 P.238~241

东京药科大学名誉教授,日本咖啡文化学会常任理事。东京药科大学毕业,并获得博士学位(东京大学)。留学于斯坦福大学医学部,研究方向为药化学和临床药理学。著有《每日饮用咖啡》《一杯咖啡的药理学》等多部著作。在脸书(facebook)中连载"今日咖啡新闻"。

下迫绫美
Shimosako Ayami

PART4 P.220~221

日式甜点研究家。在东京市的甜品店工作7年。除了向杂志和书籍等提供新菜单、日式甜点制作方法外,也经营着日式甜点教室。著有《制作戚风蛋糕》。

〈 取材、图片提供 〉

- 一宫物产
- FNC 哥伦比亚咖啡生产者联合会
- Kalita
- STRIX DESIGN INC.(BIALETTI 日本总代理)
- SC Foods Co.,Ltd(BIRD FRIENDLY® COFFEE)
- 全日本咖啡协会
- 大作商事
- De' Longhi Japan

- SPECIALTY COFFEE ASSOCIATION OF JAPAN
- HARIO
- Fairtrade Label Japan(国际公平贸易认证)
- 富士咖机
- bodum
- Melitta Japan
- UCC 上岛咖啡
- Recocochi

摄影:岛村 绿 小林友美
封面摄影:松本祥孝
插图:加纳德博
设计:梅井靖子(Phrase)
图片提供:Getty Images PIXTA

摄影助理:UTUWA
剪辑助理:西岛 惠・铃木久子・齐藤彰子・龙本茂浩・阿部雅美・久野刚士(KWC)村上佳代

● 日文版主要参考资料:

『大人のコーヒー常識』トキオ・ナレッジ・著(宝島社)

『がんになりたくなければ、ボケたくなければ、毎日コーヒーを飲みなさい。』岡希太郎・著(集英社)

『珈琲完全バイブル』丸山健太郎・監修(ナツメ社)

『珈琲の教科書』堀口俊英・著(新星出版社)

『珈琲の世界史』旦部幸博・著(講談社現代新書)

『コーヒーは楽しい!』セバスチャン・ラシヌー・チュングーレング トラン・著 河 清美・訳(パイ インターナショナル)

『贅沢時間シリーズ 珈琲事典』田口護・監修(学研プラス)

「世界の主なコーヒー生産国事情」(東京穀物商品取引所)

「レギュラーコーヒー及びインスタントコーヒーの表示に関する公正競争規約」(全日本コーヒー公正取引協議会)

Original Japanese title: KIWAMERU TANOSHIMU COFFEE JITEN
Copyright © 2018 Seito-sha Co., Ltd.
Original Japanese edition published by Seito-sha Co., Ltd.
Simplified Chinese translation rights arranged with Seito-sha Co., Ltd.
through The English Agency (Japan) Ltd. and Shanghai To-Asia Culture Co., Ltd.

©2020 辽宁科学技术出版社
著作权合同登记号：第 06-2019-120 号。

图书在版编目（ＣＩＰ）数据

咖啡事典 / 西东社编辑部编 ； 郑寒译 . —沈阳 ： 辽宁
科学技术出版社， 2020.8
ISBN 978-7-5591-1624-6

Ⅰ . ①咖… Ⅱ . ①西… ②郑… Ⅲ . ①咖啡－基本知识
Ⅳ . ① TS273

中国版本图书馆 CIP 数据核字（2020）第 099604 号

出版发行：辽宁科学技术出版社
　　　　（地址：沈阳市和平区十一纬路 25 号　邮编：110003）
印　刷　者：辽宁新华印务有限公司
经　销　者：各地新华书店
幅面尺寸：145mm×210mm
印　　张：9
字　　数：260 千字
出版时间：2020 年 8 月第 1 版
印刷时间：2020 年 8 月第 1 次印刷
责任编辑：康　倩
封面设计：袁　舒
版式设计：袁　舒
责任校对：徐　跃

书　　号：ISBN 978-7-5591-1624-6
定　　价：68.00 元

联系电话：024-23284367
邮购热线：024-23284502
E-mail:987642119@qq.com